Footprint of the Alfa universe in the cosmos

Majid Ghadakchi

Title: Footprint of the Alfa universe in the cosmos
Author: Majid Ghadakchi
Publisher: Supreme Century, Reseda, CA, USA
ISBN: 978-1939123459
LCCN (Library Congress Control Number): 2018902446

Table of Content:

Introduction:

With more updated information and knowledge that human beings get from the mechanism of cosmos, new ideas and theories on physics and astrophysics get exceed by scientists. This book is a step toward reaching and discovering those cosmos secrets which have been unresolved so many years. In this book, the readers face a new way of thinking about the world and universe, however all the details of the creation of the universe from the moments of the genesis, have been analyzed so sensitively without using any formulas. In new models of cosmology, every individual as an outside observer of cosmos will see how it will be built. A new approach to thinking on astronomy will have major and essential changes in our general understanding of cosmos nature. Till today, cosmos has been investigated as a unitary entity and without the intervention of a phenomenon outside of itself. But you will see how supernatural hands have made physical world. We will introduce you the nature of this supernatural story. Two kinds of physics are imagined in minds; one is natural which is related to cosmos itself and the other one is supernatural and is running outside of the cosmos.

Discussions on the relations of these two different physics are the new ideas on formation of the universe which will cause a new revolution in responding over universe secrets. Complicate relationships between phenomena and combination of causes and different factors, makes the study of world harder. In new model, transparency in the method of forces and their real nature will be created and most importantly the relationship between forces and their coordination in building a cosmic structure will be discussed based on acceptable principles. The most important thing about man is turning on his silent common sense about the nature of the cosmos, a problem that an active human mind is incapable of understanding. Our main goal is to reach a new level in thinking which has recognized a generality and has presented a way which reveals the secret details of the universe. A general picture of an invisible and infinite field comes out and becomes mooted in the field of science. Surprisingly, evident problems that are unattainable ignorance in mathematical and physics equations can be solvable in case of originating obvious and systematic contexts. Whereas in this book the behavior pattern of cosmos are being recognized and all laws of the nature follow this patterns, so analyzing these patterns will reveal unknown codes of the universe. It is expected that with revealing the codes of the universe, scientist would struggle to find new ideas in the fields of physics and astrophysics. Due to the lack of time and complexity of matters, it has been tried to bring the gist of subjects and has been avoided from any general views; this has decreased the number of pages. However the content is that rich and notable that will take more time from readers. You will face a new puzzle in each page of this book and will also reach to the answer in the same page. The cases which will challenge brain and experience simultaneously and will create new approach toward astronomy. Hope everyone gets the attention.

Respectfully yours,

Majid Ghadkachi

Secrets of the universe

Wherever of this universe we would be, whether in Milky Way galaxy or in the furthest new born galaxy from us or even in worlds' biggest black holes, we are all similar in one thing that is all of the universe and creatures- no matter how far from each other they are- have been separated equally in 13.7 billion years ago from the source of creation. Now, if we go back this long distance, little by little universe and creatures will get closer to each other till that they all gather in Big Bang point. A quantum dot that holds the entire mass of the universe. This indescribable compaction of the objects is named singularity which the rules and formulas of physics and mathematical calculations do not explain how that state of affairs is. According to classic physic, at the time of Big Bang, all of the nature forces were gathered all together and had made a unite power as Superpower. But with massive explosion and extreme temperature drop at the first seconds after Big Bang, this superpower collapsed and divided into four forces as gravity, weak nuclear power, strong nuclear power and electromagnetism which all make the foundation of the universe. Fundamental particles of the universe like proton, neutron and electron obey these four nature forces. Astrophysicists were always somehow engaged with Big Bang and during the recent century, always wanted to discover the secret of this superpower's collapse. Because of this, each one has presented different formulas and ideas and via that has united those forces into one common formula, so could have presented a unit theory for describing the philosophy of the universe; cause the possibility of solving the problems of the universe like dark energy, dark matter, the cause of gravity, nature of space- time, etc, will remain unsolvable unless the nature of this superpower would get determined.

In order to solve the singularity's problem and gathering all of the universal forces into a unit formula, a massive amount of energy has been consumed, it is in a way that Einstein spent much of his life on a solution that could describe those four forces in a unit formula. He concluded that instead of different and independent ideas of electromagnetism, general relativity, etc, there should be a unit theory in physics which could seamlessly describe the behaviors of the entire universe phenomena. For example, this theory should be able to explain all of the behaviors of the universe' forces and involved fields with a unit mathematical formulation. Accordingly, Einstein named this theory as "unified field theory".

The first recent mathematical model for the universe was designed by Einstein; in this model, the universe is obstructed (close and borderless space), round and also static which we know it for so many years as Einstein's static world. His mathematical equations were set up in a way that he did add cosmic constant in his equation and from the other side he introduced a force name Anti-Gravity to the world which against the other forces, this was not arise of an especial source, on the contrary this was hidden in space-time dimension and that was inherent in it. Of course Einstein found out later that his work wasn't logical and in this model, world had neither expansion ability nor contraction. In other words, world was neither becoming bigger nor smaller. But for recognizing the universe from which point of view we should look at it.

Sometimes senses deceive us. Senses inform us according to their capability and can't get further. The universe doesn't reveal all of the realities according to what that had been proved via mathematical and physics formulas; because their application is based on our senses and our imperfect senses are sterile in limitation. There are so many things behind the scenes of the universe and is more marvelous than it shows. More fantastic than you think. Light, space, time and gravity in a wonderful harmony aren't the only things which have made this cosmic ocean, but creations' wonders are fluttering beyond them. What scientist using their strong telescopes discovers in sky is just a jugglery of light with time. They are unaware of wisdom of the world and what goes beyond it. Because human senses have a limitation and till a limited amount let them know the realities. Upper the level of the threshold of understanding the senses, anything or act is not understandable. In the other hand although speed of light is so high for us and is equal to 300000 km/s, but according to the rapid development of the universe it has a very slow speed and it seems like tortoise speed. Light of some of the stars take billion years to reach us. Slow speed of the light cause space to get out of integrity and get divided into past, now and future. Although Einstein has united space and time together but in a certain range they are an integral part of each other. This is famous for Einstein world. Einstein world is a limited world, the highest speed in it, is light speed. This is the area which Einstein regulations are allowed to work. That is, the formulas of the relativity weather especial or general have dragged walls around the cosmic realities due to the light speed. It should be mentioned that the universe is bigger and more complex than what can be achieved with relativistic formulas. Complete assimilation to relativity in the recognition of all of the creations' facts means restricting mind and thought, and not reaching to what the realities which go behind the scenes of the universe. Meanwhile using formulas and mathematical calculations for discovering the spread of the universe with little information will lead us to a countless problems and riddles. Expanding and developing the existing universe seems unattainable and difficult for a creatures like us which had come into existence one billion years after its appearance. If we pay attention to Einstein's relativity theory we will understand that although these theories have drawn a more brilliant picture of the world's measurable forces but in many cases like discovering the source of the dark energy and dark matter, the cause of appearance of the antimatter in the beginning of the universe, the cause of universe's expanse, gravity's nature and so many other items, is not responsible anymore. Relativity theory with dragging the wall according to the speed of the light is trying to prove all of the realities of the universe in this limited area but is unaware that the universe is the result of very complex process which has lead to its existence. In order to know the universe in a way that it deserves, we need to have a wider vision on world's events. In this book we would try to examine the cosmic occurrences from a different point of view and this would lead us to a new model of cosmology. This model will be able to study the universe fundamentally and will argue so many problems and riddles about astronomy in a different method.

New model of cosmology

During the time, especially in recent two centuries we saw tremendous developments in astronomy and astrophysics. Of course, there are tangible advances in space-time which has a special place in physics and astrophysics. Our world is built based on Quantum. The behavior of the cosmos and its phenomena is determined by interact of particles with each other. The German physicist Max Planck was the first to use Quanta to justify particle behavior and use the quantum word to pack these particles in packages. Quantum packages have physical properties such as weight, load, movement, etc. In fact, the quantum is a strange particle that can be both wave and particle. Quanta interact with each other and make complex particles such as photons, atoms, and molecules and from them phenomena such as stars, planets, etc. are made that we see in the world. The study of these particles has created a branch in physics that is called quantum physics. But the quantum world is so strange and unpredictable that, in light of our remarkable advances in space-time, it seems that, in light of the views of scholars such as Newton and Einstein, there are significant deficiencies in real perception of space-time observation, it turns out that new and complete theories are needed to define the real concept of space-time. Therefore, the necessities of the existence of a new cosmological model in which new factors are involved in the behavior of the cosmos are considered. A better understanding of space-time allows us to understand how parts of the universe interact with each other and how they shape it. In this book, a fundamental step is taken to explain a new model of cosmology, in which the secret over many of the unknown behaviors of the universe, which has been left unknown by scientists from ancient times, is uncovered.

The new model of cosmos behavior is not based on light and quantum particles but it is based on the high-speed particles called Tachyon. These particles have not been used in any of the physics and mathematical formulas until now. Tachyon particles are unique, and while they are not interacting with particles in the universe, due to their infinite speed, at the same time they are the main creators of the universe. Without even finding a small sign of them in the universe. The countless unresolved issues of physics and astrophysics, despite the many discoveries that have taken place over the last two centuries, suggest that new methods are needed to achieve new astronomical finders. The one-dimensional vision to the universe, in which the speed of light is the first and the last, closes our eyes to many realities. If we check the beginning of the universe and expansion of the cosmological world, we find that the expansion of the cosmos has occurred much faster than the speed of light in a time that light was not created yet. By researching and studying the initial conditions of space time with a much faster speed than the speed of light a new topic in the field of cosmology is considered, in which the possibility of the existence of over-speeds of the origin of the universe becomes the focus of attention.

Particles can be divided into three parts in terms of speed:

1. Particles that never reach light speed and include all known fundamental particles.

2. Photons and neutrinos that spread at the speed of light.

   3. Tachyon's are the particles that are always faster than light speed. These particles have an imaginary mass and they aren't seen yet.

Beside the world with lower speeds or equal to light speed (Tardyon world) there is another world which speed of light is the lowest speed and is called Tachyon world. Physics discoveries have not been able to find a common point between Tachyons and Tardyons. Yet evidences indicate a common point between them in making the universe. Of course special relativity theory doesn't violate the Superlight theory and maybe could make the physical rules more compatible and coordinated with the rules beyond the range of light.

Can we imagine that the laws of the physics include multiple rules which can embody a place for super light speeds? If looking fanatical and know the light speed as the first and the last key for solving the problems, in this case we will face a failure. The initial condition of the universe shows that the development of the world, doesn't fit into the light speed in a very short moment, but it completely depends on particles that have a speed further than light speed. In the first place adding high speed particles without physically intermixing it with relativity rules seems impossible, but when the main pillars of the emergence of the world would be hidden in the existence of the tachyons, the matter will change completely. If we interfere the high speed particles in solving worlds' affairs which don't have any interaction with tardyons or light, so where can tachyons fit in this cosmic puzzle?

It could be said that these particles are located in a region where we would be dealing with the cosmic unknowns. In order words, most unknown facts of the world are due to the undocumented, faster-than-light velocities in physics or mathematics, for instance, the creation of cosmos and the cause for its expansion which cannot be explained by contemporary physics. Scientists are fearful of singularities, or anything possessing infinite density and temperature, such as time zero, Big Bang or the center of a singularity, as physics tend to deteriorate and mathematics will be unable to provide any sort of explanation for these points. Thus, the scientists accept the existence of these points without explanation, as they are. Equations of Einstein result in infinite answers in singularities, and infinite answers are not the most pleasant of things for scientists. It is claimed by some that the universe came into existence as the aftermath of a quantum accident, which makes the subject much more complicated.

In this book, a bold attempt is undertaken to provide answers to the cosmological question that have been left unanswered so far, and with a modern view in cosmic studies, new faster-than-light particles, namely tachyons, are added to cosmologic equations, particles with a more expansive perspective than the speed of light (which is quite limited in studying cosmos). With the addition of aforementioned particles, our view of the cosmos is changed. In fact, the cosmos will be at our feet, and we will be in possession of particles which light is a sub-category of. The theorem of existence of these particles is not a myth in physics, it is an undisputed fact and a truth, and they have proven to involve all elements of physics in cosmos. We have achieved a model capable of answering the unanswered questions of astrophysics. Tachyon particles are the missing link in the chain of cosmological studies, from which the entirety of natural phenomenon and their sub-structures arise. With the new model, the old creeds and beliefs will be no longer valid, since the truth behind the machinations of the universe will be revealed. Although, throughout the time, newer and more modern theories tend to partly, or completely, abolish the older ones.

By looking at the older theories, and comparing them to the principles mentioned within the book, it is observed that the newer concepts are much more inclusive of the mankind's questions regarding classic physics, general relativity and quantum physics, and the amount of precision it applies to the analysis of every moment of the cosmos leaves no variable undiscovered. The theory of tachyons introduces to us a level higher than the nature. In the new model, the beginning and the end of the cosmos are analyzed using high velocity tachyon particles, and the reasons for the current behavior of cosmos is explained. The universal model of Isaac Newton, explained in the principles of natural philosophy, considers everything absolute. He has stated in the book that space, in itself, is absolute and exists across all places without need for anything outside it. This subject has been accepted in classic physics, and is a concept resulting in clarity of previously vague topics of Newton mechanics. The world of Newton is a simple one, able to be understood by the masses, and while it does have certain beneficial applications, it also has numerous flaws. In the world of Newton, time flows at a constant rate and similar to space, has no contact or relationship with anything outside it. In other words, time and space are abstract and absolute in their cores. From Newtonian perspective, the experience of time and space does not differ from one individual to the other. In his general relativity theorem, Einstein pokes at the play of celestial bodies with space and time at an entirely different level, a level in which the behavior of every phenomenon in space is affected by its distortion. On one hand, time and space share an inseparable bond, so that the behavior of bodies in investigated in a shared plane known as space-time. On this flat or occasionally distorted plane, a universe with unique concepts is established. In an infinite continuum, the particles are in interaction with one another, and space-time prepares a bed for cosmos to form in. Such an image of the cosmos, is the essence of all contemporary human findings. Yet the new model of cosmology introduces new particles to the scene on cosmos and astrophysics which form the space-time continuum. Tachyons completely alter the meaning space-time, giving it an entirely different concept. In this new model, space is the warp, and time is the woof of the existence, come together in a glorious union to form the cosmos. The secrets of the universe are unraveled.

Without a shred of debt, the theories presented thus far in the field of cosmology in order to help achieve a deeper understanding of world, focus on the relationship between phenomenon as physical and mathematical formulae, and give no reasons whatsoever regarding the simplest events of the universe. Examples such as gravitational force, expansion of universe, the big bang and the quantum world are some of mysteries which scientists do not know of their original cause of existence, and are merely aware that they exist. The scientists are not aware why gravity exists, and the majority of their research is carried out into the interference of these forced with the relationship between phenomenon, and they cannot prove or refute the true cause for its existence. Or, they've been similarly unable to provide an explanation for the cause of Big Bang, the starting point of creation from a point smaller than the tip of a needle. Some researchers have chosen to forego the concept of causality regarding Big Bang, and have instead opted to believe in void theories such as the theory of bubbles or the formation of universe from nothingness, whereas the existence of universe has a cause, and solid concepts are behind it. The new cosmology model comes to our aid, and grants us insight into equations of physics which enables us to understand what was previously vague. The reason for the vast amounts of unknowns when it comes to physics and cosmology, is because we consider cosmos small and finite. Our understanding of cosmos possesses a radius equal to the speed of light, a unit insufficient to measure it properly, so it is natural for us to be incapable of fully grasping it. In the new model, the boundaries of cosmos are much more expansive than anything previously imagined. Tachyons exist throughout the cosmos at incredible velocity, giving rise to all physics equations ever known. We shall progress step by step, so that we can study their entrance into the universe since the Big Bang and up to the point of present.

The new model enables us to achieve a better perspective of our surrounding using tachyons in cosmos. The light is a unit of measurement with a constant velocity, so our understanding of cosmos would be incomplete, cosmic dimensions remaining obscure to us. The cosmos is not what the scientists would believe it to be at all, there are a great deal of unknowns for us to solve in order to understand the universe better. We need powerful tools and faster particles to realize the true boundaries of the cosmos. Undoubtedly, the first question a man asks of himself, is how the universe was created. However, scientists have made considerable advances in this regard, the latest being the theory of cosmic inflation by Alan Guth in 1980, suggesting that cosmos started from a tiny quantum point. This tiny later expanded rapidly in a fraction of second, giving rise to the cosmos as we know it today in a span of billions of years. If we consider this theory to be true, we need a super quantum theory to find a reason for the creation the aforementioned quantum point. Surely tachyons are not born of this cosmos, and if we present a theory in which tachyons are portrayed as the starting point of the universe, we need to know where these particles come from, and how they affect the creation of cosmos?

Cosmic void

The answer to question about the nature of cosmic void can lead to the clarity of many of the questions that quantum physics deals with. With the discovery of particles knows as Higgs Particles, scientists have concluded that the cosmic void is a not a space empty of matter or energy, but it is instead a space full of energy in which particles are created and destroyed at each and every moment. In the standard model of cosmology, there was a missing link that with its discovery, all the missing puzzle pieces could fall into place. More than half a century ago, Peter Higgs and Francois Englert had foreseen the existence of higgs particles. According to the scientists, higgs particles have filled the cosmos like a shroud, therefore the fundamental particles need to go through them for every movement they intend to make. According to the latest research, the mass of the higgs particles are measured to be 130 orders of magnitude greater than that of protons. The importance of higgs particles is due to their interaction with the fundamental particles, and their mass can be estimated using the intensity of the mentioned interaction. Particles which do not interact with higgs particles moving throughout the space can do so easily, as if they possess no mass at all, yet the particles undergoing intense interaction with them can barely move about in space. The behavior of these particles in space allow us to label them as massive particles. At the moment of birth of the universe (Big Bang), the all of the fundamental particles were massless, yet with the creation of space-time in a fraction of second, higgs particles filled the space and thus, some of fundamental particles gained mass as a result of their interaction together.

Tachyons enter the universe at every given moment, the make up the main layer, or in a better sense, the warp and woof of space-time. By passing through the cosmos, these tachyons spread their energy evenly all over it, because they have incredible velocity and by losing their energy in cosmos, they gain even greater speeds, and so they leave the cosmos in blink of an eye. The entrance of tachyons into cosmos is constant and never-ending, which makes them similar to a mattress covering the beginning and the end of cosmos, and creating what we perceive as space with their energy. This layer is so coherent and dense and rapid-moving that it seems the entire universe is founded on the energy it is giving off. The impression we have from tachyons, is the same the feeling of void and nothingness, as these particles have no interaction whatsoever with fundamental particles. But tachyons lose energy upon entering cosmos, and the nature of this energy is vital to us. This is the same energy we witness in vacuum space. The source of the particles being created and destroyed at every moment in space, is the energy given off by the presence of tachyons in cosmos. The energy exuded by tachyons form a field knows as Higgs Field. Higgs particles are the first ones ever to be created in cosmos. These particles are created and destroyed at each moment, thus contribution the required energy for the formation of other fundamental particles. The limit of our understanding of space, is grasping of the higgs particles, and we shall encounter problems beyond that limit. It was stated that the universe is situated upon the energy exuded from tachyons, known as space-time. What is worth noting, is the structural concept of tachyons and their behavior as the suppliers of cosmic energy, and at a lever higher than Einstein's space-time in the world we are a part of. A tachyon plane is stretched over the space-time, one that cannot be bent or distorted by any mass or substance, and what we perceive as space-time, is in fact the energy resulting from tachyon particles that are distributed evenly across the universe, known as cosmic plane.

Alpha universe

The talk of the existence of a super space in which the cosmos is located and expanded using its energies, is not a very pleasant topic for those who believe in the creation of universe from nothing. Physical evidence explained in detail throughout this book suggest that a super-dimensional field facilitates the expansion of cosmos by injecting energy. The existence of an outer universe which has resulted in the creation of cosmos from afar, is no philosophical daydreaming, it is actually an absolute fact in astrophysics. The trip to the fifth dimension and beyond is an exciting one. Free of cosmic restraints and achieving things we were previously oblivious to. A trip to the dimensions beyond the boundaries of nature, just like the trip to earth's atmosphere where everything is visible from above. We name this fifth dimension and what lies beyond as Alpha Universe, and it is due to the vast and expansive nature of this universe in which a complete collection of all of creation's dimensions are included. Space-time in alpha universe is not defined in the same sense as in our earthly world, and cosmos is a part of this universe. A universe so vast and expansive that can hold countless numbers of cosmos, and different space-times continuums with various traits. But how can the human brain, a 4 dimensional entity, ponder a five dimensional universe or more? You would be correct in stating that thinking about supernatural dimensions in a four dimensional environment is little more than an illusion, however the complex mind of a human being can achieve unlimited results from limited data using its power of simulation. Reaching the fifth dimension would mean the heightening of human perception, enabling him to ponder things beyond what he sees. By presenting the special and general relativity, Einstein was able to discover the causality between a great deal of phenomenon, and by considering space and time as a continuous entity, he was able to find the truth behind a lot of physical facts. For instance, using his general relativity, he introduced a new concept of gravity which changed our views compared to Newtonian era. At first, Newton demonstrated how gravity works in larger scales by considering it an attraction force between substances. Later, Einstein corrected the theories of Newton in his general relativity. He showed that gravity is better explained using the curve of space-time frame of a substance. We are all attracted towards earth due to the fact that its mass has distorted the space-time frame around it. While Newton and Einstein provided deep explanations for understanding gravity, their rules were merely mathematical descriptions. These theories only explain how gravity works, instead of elucidating where does it emerge from. While the physicists have made great efforts to correlate gravity and other fundamental forces of the universe, no theory is able to explain the nature of gravity. The standard model of physics for sub-atomic world which includes electromagnetic, weak nuclear and strong nuclear forces, does not involve gravity at all. The existing theories regarding gravity are weak, and physicists have thus far been unable to achieve a standard model involving gravitational force, giving rise to modern theories such as the theory of ropes or quantum gravity which depend solely on mathematic formulae, having little to no use in real world. Now, the scientists realize that gravity is created by fundamental properties of space-time. But a more complex question reveals itself now: Where do these fundamental properties of nature emerge from? By being present in the alpha universe, a new definition of gravity is introduced, explaining how mass and space-time are formed under the influence of an outer force from beyond the cosmos. Us humans are limited entities, and the spectrum of our received data regarding the cosmos is quite limited as all the tools we have for identification of cosmos at our disposal, are the light and its velocity. We are not permitted to cross this threshold; therefore, all research has to be carried out using the speed of light. In other words, we are confined within the boundaries of speed of light, and attempting to think outside boundaries will result only in illusions. Although we are aware that there are speeds higher than that of the light, their existence or lack thereof doesn't make much of a difference for us, due to the reasons stated. Since we can't observe their impact on the cosmos ourselves, we don't bother looking for higher thresholds than the speed of light. A realm in which there is faster-than-light speeds present, is considered a metaphysical one with its own set of rules and regulations. Even though we mistakenly believe that they have no physical impact on the way the cosmos functions, and evidence suggests that there is a causality in creation of universe, undermining its automatic creation.

Astrophysics, which is reliant on the existence of alpha universe, emphasizes the necessity of faster-than-light speeds in creation of cosmos. Modern cosmology, regardless of whether human being can fully study what's beyond cosmos, has taken bold steps in order to free humanity from the restraints of speed of light, and the limitations it has thus created. In this kind of physics, man can mentally experience high velocities.

But what are the hidden mysteries of the universe? Without a doubt, you are aware of many of such mysteries, and you already know that the reason behind your inability to provide adequate answers, is that our only tool of discovering the truth, namely the light, is incapable of bypassing the boundaries imposed by space-time. The first of these mysteries, one that is always enquired about and never answered to, is the starting moment of the universe, or the Big Bang. The light has stopped at this time, and cannot enter the fray since it isn't even born yet. The information regarding the creation of cosmos exists since 10^{43} seconds after the Big Bang. As you are aware, the Big Bang theory provides no explanation about the cause, only descriptions of the events in its aftermath, such as how the hot and dense offspring universe expands and gradually loses heat, or the way primary light elements combine with one another throughout the expansion of the cosmos. Therefore, this theory is chiefly concerned with the consequences of the early cosmic incidents and events rather than providing an explanation for their cause, while cosmology based high velocities attempts to elucidate the formation of the initial core of the Big Bang.

Fields belonging to the alpha universe

While we believe that a high velocity universe has nothing to do with the cosmos and that formulae of physics lose their function in speeds higher than that of the light's, cosmic behavior and its double function leads us to the conclusion that all cosmic operations are influenced by the super-cosmic phenomena conveyed from the alpha universe. These cosmic operations are measured precisely so that all cosmic behavior are in accordance to the schematics provided by the universe above and beyond. Among the infinite energy fields that can exist in alpha universe, there are 2 that contribute to the formation of the universe. These two, in a function quite different from the other, have resulted in the creation of our earthly globe. Although no tangible relationship can be ascribed to a high velocity universe and the cosmos, these two fields are able to attach the cosmos to the alpha universe.

Field Maxima, which the universe relies on its energy for existence is located on one side, and filed Minima that acts in its reverse by attempting deplete the energy of cosmos, operate in a way so that the world we have come to know would form.

The possibility of numerous such fields existing in alpha universe is completely feasible, but in order for them to operate similarly to Minima and Maxima would require special conditions. The fields Minima and Maxima have come together in unison to create the tardyon universe, but according to the relativity theory, no physical process can take place at speeds higher than the light's. Ultra-light theory does not refute relativity, but adapts it to the world lying on the other side of light threshold. The relationship between the fields of the universe beyond can result in a system in which speeds lower than tachyons would form, and we need to come up with a plan in which the energy of tachyons is transformed into tardyon universe.

Journey to beyond cosmos

The truth behind the cosmos will never be revealed unless we break the boundaries which forbid us from triangulating our position within the universe, and fully grasp the facts that lie beyond. Therefore, it is necessary for us to journey to beyond the cosmos, where the speed of light wouldn't be our sole supplier of information regarding the universe, so that we can achieve a deep understanding of the cosmos through identification of ultra-light phenomenon. We are almost nearing the main topics of the modern cosmology. First, we need to achieve a realistic image of the fields Maxima and Minima. With the knowledge we have about the world of physics and cosmos in general, accepting anything beyond the general and special relativity as well as quantum physics will prove to be almost impossible. Yet when we arrive at the root of the problem, we realize in wonder that the new model of cosmology is able to elucidate the cause behind all of the unknown. This model relies on a universe beyond our cosmos, and considers it a part of the alpha universe, and emphasizes that embryo of the cosmos, or the starting point of the creation, is unsolvable through any sort of physical formulae, and is instead formed in the alpha universe and with the aid the two fields tied to it.

According to the theory of inflation, the initial expansion of the universe has taken place at a rate much faster than the speed of light. The inflation period of the universe lasted between 10^{-36} and 10^{-33} seconds, in which the volume of cosmos had reached 10^{78} orders of magnitude compared to its initial state. According to this theory, a force known as anti-gravity has led to expansion of cosmos in one trillion trillion seconds. The universe has expanded in a fraction of a second and at an incredible rate, equal to 10^{50} times higher than the speed of light. The fundamental difference between inflation theory and the theory of tachyons, is that in inflation theory, four primary forces of cosmos were gathered in a place and were later dispersed with the beginning of inflation, while in the theory based on the existence of alpha universe, the singularity of the world is expressed in another sense where the forces of the world were created at the moment of expansion, never existing prior to it. In the modern theory, a system is introduced which deals with the way the fundamental forces of the nature first appeared, and the orientation of tachyons and anti-tachyons in a common field and their encounter is considered the source of the aforementioned forces. The fact that particles faster than light exist, does not refute the special relativity of Einstein, since the speed of light is specific to material substances throughout the cosmos, and does not involve the threads of cosmic scale.

Creation of the universe

In order to understand how the universe was created, you need to travel back in time, to the starting point of the creation. This journey will take roughly 13.7 billion years. There's nothing to worry about, your mind is capable of completing this journey in blink of an eye, but that's not the end of it, as the start of creation is where all formulae of physics lose their meaning. There is no light nor any fundamental particles whatsoever. A point where all celestial bodies have gathered around, so dense that they could fit on the tip of a needle. This is called a singularity. When looked at from inside the cosmos, it would seem as if we have reached the end of the line, as no mathematical or physical formula can explain this point, and even the human brain ceases to function at this point, as we're viewing the cosmos from a limited perspective, meaning from inside the cosmos where dimensions are quite limited. However, ultra-dimensions are required for the creation of cosmos, which is impossible to fathom from inside the cosmos itself. In cosmology and at the point of singularity, we come across an impenetrable wall in the Big Bang theory, stretched from the expansion of universe in a fiery explosion until the point of present, which is called the Plank Wall, and can quite realistically go on into undefined future. But we certainly want to know the situation before this explosion. And to that end, we need to pass the barrier of time zero which is not only improbable in physics, it is also absurd from a historical point of view. According to the Big Bang theory, we can't begin the history of the universe from times before zero, but we are able to start investigation since an incredibly short time such as 10^{-43} seconds after its creation. Throughout the first 10^{-43} seconds after Big Bang, the cosmos had no more than 10^{-35} meters in diameter, being 10 million billion billion times smaller than the Hydrogen atom. At this time, the universe is so young that light cannot travel far, and the cosmic horizons which include the visible universe are very near. At that time, the temperature reaches 10^{32} kelvin. The cosmos is extremely dense (10^{96} times denser than water) and possesses unfathomable amounts of energy. We are unable to gain an insight into the properties and behavior of atoms and the light at strong gravity. This subject was first introduced in the present century by Max Plank, and thus the first 10^{-43} seconds is referred to as plank time. For bypassing the plank time, a quantic theory of gravity is required in which the gravitational force can be united with the other forces of the universe. The physicists are attempting to realize a general theory for the nature in which the four fundamental forces of the universe come together, acting as one. So far, they have succeeded in uniting the weak and strong nuclear forces as well as electromagnetic force, but the gravitational force has been thus far resisting this union. This force, governing the world of infinitely sizeable bodies, refuses to come together with the world of infinitely minute entities. In order to bring the quantum mechanics together with relativity, we need to breach this barrier, a feat Einstein did not succeed in his 30 years of career. The plank time is the maximum threshold of our knowledge of universe, so it must be set aside for us to truly grasp the truth. Beyond the plank wall, double realities of space and time are separated and each of them finds a different meaning. We investigate the reality, clearly explaining the formation of space and time and elucidating the reason behind their existence. The facts lying beyond the plank wall is beyond imagination. As the physicists attempt to unite gravitational force with other forces, realities unravel how, due to causality, gravity is not a fundamental force and is only pretending to be one.

Threads of the cosmos

The pattern which the threads of the universe adhere to, is based upon the behavior set by tachyons and anti-tachyons. Therefore, this thread remains unidentifiable to us due to the incredible speed of tachyons, in a sense that the expansion of universe does not follow the principles understandable to us since the Big Bang. While the inner laws of the cosmos are possible to be analyzed using the principles of Einstein, there are subjects that equations of Einstein can provide no answer to. Studying the cause of the creation universe and its expansion in the field in which tachyons flow can lead to the discovery of numerous unknowns. The fields Maxima and Minima filled with tachyons and anti-tachyons, while not present in the cosmos, have created a situation in an unusual union where particles with speed of light or lower can be created. Therefore, cosmic particles and bodies rely on the energy created from the threads (fields Maxima and Minima) of the universe. In cosmology, investigation of the threads of universe requires an undertaking beyond perception in order to understand how the cosmos expanded from a quantum point to infinite boundaries. The laws of Einstein owe their existence to these threads, which are fields beyond our universe. Every interaction in the world and every physical trait has a source. The fields Maxima and Minima come together and give rise to the universe as we know today. Laws of Einstein have been formed under the existence of these fields. They have formed a network of threads on which the celestial bodies are located similar to adornments of a mattress. The studies of the scientists regarding the cosmic threads amount to zero, as they investigate the boundaries using mere telescopes, thus being unable to reach the horizons of the ultra-light cosmos using only the light. Physical principles of ultra-light Maxima and Minima fields result in the emergence of physical principles within the boundaries of light, such as general and special relativity of Einstein and quantum mechanics. In this book, a set of rules are introduced which have been imposed by the fields Maxima and Minima, and the relationship between the tachyon universe as the creator (cause) and the tardyon universe as the creation (effect) is clearly elucidated.

Big Bang

Creation of cosmos is one of the most complicated riddles of human being looking for truth of the universe. More specifically, simple creatures like us, human being, have looked at waves passing through the past. The creatures being caught are looking for a window to find a way toward truth. However, they are staring at a point much smaller than what you think which exploded about 14.7 billion years ago with an éclat, inflated more than the speed of light and creating this world through the time. The early moments of cosmos are highly ambiguous and mysterious when studying from inside. Studying the cosmetic events and analyzing how they function make it possible to find some cues of alpha universe with higher dimensions. Finding how tachyons enter our universe and what they do for development of universe would no doubt help us to picture the other side of Planck's wall. The main task is to scrutinize the Big Bang Theory and observe the universe development adding a factor called tachyon particles in development of cosmos. Big Bang Theory illustrates a prevailing cosmological picture of the universe and tells us how the universe expanded. However, it cannot pass beyond the

Planck's wall. This limitation should be removed and we must pass through the wall. Spacetime is nearly everything to the cosmos. If every dimension of universe, that is space and time, are considered to be linear, the line has been expanding since the Planck epoch. That is, both space and time are expanding. Reversing the process and extrapolation of time and space backwards to the Planck's epoch would end to the point where time and space reach singularity which is called the Big Bang.

To understand the concept of time and space before the Big Bang, we go beyond the Planck's epoch, drawing the line of time and space beyond the Big Bang point where they do not belong to the universe but end to a super cosmos called Alpha universe. There are no lines called time and space since they have been separated. Along the space and time and passing the Planck's epoch, there is the truth of the universe. Dimensions of the Universe, space and time, are consistent and provide a solid foundation for processing a huge universe called cosmos and are in perfect harmony. However, time and space are separated in alpha universe are not considered as dimensions but are energy field where the tachyon and anti-tachyon particles. This is an energy source the Universe uses to develop.

Big Bang Theory (Planck Epoch before 10^{-43} Seconds,)

Fortunately, the Big Bang Theory as a great explosion leading to the development of the Universe is available to us as the resultant of two energy fields in the cosmos to find the truth of the Universe. On the other hand, the expansion of cosmic dimensions (space and time) points to the conflux of these two dimensions at the Big Bang. You may know that the Big Bang resulted from the collision of two cosmos of maxima and minima. Maxima field is governing the space in cosmos and is responsible to provide energy and expand the Universe. Minima is a mysterious field governing the time dimension, responsible for coordinating the particles and gravity is a function of this field. Evidence indicated the Big Bang as the cosmological singularity resulted from the collision of these two magnetic fields about 14.7 billion years ago. I prefer the term Big Collision instead of Big Bang since this collision has led to the formation of an unbreakable fusion which has remained so far. Scrutinizing the issue, it is concluded that there must be an identical twin of the Universe since its birth been and growing with it. As the positive spacetime has made our

Universe, the negative spacetime has created the parallel universe. Location of positive and negative spacetime at a bigger field called cosmic system leads to the symmetry of the universe. Cosmic system includes two parallel universe which are continuously fed by supernatural fields. An important issue is the expansion and inflation of the infinitesimal singularity at Big Bang.

Knowing about the parallel universes and the fact that tachyons and anti-tachyon pairs make different world while being at the same field, there would be a different view of forces. That is, they did not exist at all to be fused. As it will be discussed, action and reaction of two parallel universe have formed four forces. Man-made telescopes cannot show the maxima and minima field extended out of cosmic system. These fields collide out of the cosmos where they have made a universe with lower speeds.

Alpha universe is all dimensions and there may be numerous fields there leading to the emergence of other universes like the cosmos/ Universe. However, the most important issue is how the maxima and minima collided and formed the cosmic bond connecting them. Fields have main function which is to feed and grow their children. In order to know how the embryonic universe is formed, imagine two scalar lines, the collision point of which is the Big Bang. Illustrating the event with an animation would give a better picture. Imagine two scalar lines bonding at a meeting point and making the Big Bang point, then continuing their way. That is, maxima and minima fields continue as straight lines in alpha universe passing the Big Bang point. As we are at lower dimension of energy, we cannot have a true picture of super cosmic high energy dimensions. However, we can refer to the sign at the Universe to understand their action toward the Universe. For instance, maxima and minima dimensions do not fit out mind and we imagine them as grand scalar fields to have a nearly real picture of them.

Big Collision of two grand energy fields may be one of the most horrible events of the alpha universe, an event where the tachyon and anti-tachyon particles collided with an infinite speed and created Planck energy (10^{19} billion Electronvolt). A false vacuum results from their collision. The bubble is 10^{-23} centimeter which is same as the Planck's length. Collision of tachyon and anti-tachyon pairs at this point and their transformation into energy has been a factor filling the false vacuum and a huge singularity at this third field then called cosmos.

singularity happens since the resultant energy of tachyons and anti-tachyons had no place to flow. That is, there was no spacetime. Those who believe in initial singularity of the universe, are wrong. The tachyons and anti-tachyon pairs fused at this hot and dense point and then transformed into energy following collision. The main cause of singularity is the failure to extort the collision energy. The confined energy at the common field of maxima and minima where there is free flow of particles, was not a pleasant event since the continuation of which can lead to their inexistence.

Break of Symmetry (Inflationary epoch, 10^{-24} seconds)

Maxima and minima fields should prevent the collision of opposite particles at this point of singularity. At Big Bang moment, the singularity divides into two parts to avoid collision of tachyons and anti-tachyons. In a small fraction seconds, while maxima and minima fields are still preserving their bond at Big Bang point, while anti-tachyon particles create an area by changing their condition which is called negative spacetime. This coincides with the expansion of cosmos and emergence of positive spacetime and creation of a universe which is called the cosmos. emergence of the negative spacetime and separation of anti-tachyons from the universe is a factor which makes the tachyons to enter an area which is called cosmos by creating a free space and without collision, empty their energy there and exist with an infinite speed. This happens to anti-tachyons. That is, these anti-particles discharge their energy at negative spacetime without any collision with their opposite particles and quickly leave the anti-cosmos. Energy discharge causes the expansion of the negative spacetime and in the same way, energy discharge at positive spacetime, the cosmos, leads to expansion of spacetime. Assume a coin, one side of which tachyons are moving clockwise while on the other side, the anti-tachyons are spinning counterclockwise. If the upper side of the coin is regarded as the positive spacetime, the other side is the negative spacetime. However, they are two sides of the same coin. That is, although they are separated but they share a bigger field.

Antimatters Have Not Been Disappeared

Creation of two parallel universes requires the formation of symmetrical forces between them. That is, since cosmos and anti-cosmos share the same field, their forces must also be symmetrical so that cosmos system should be in balance. If the first moment of cosmos is taken into account, we would notice a special event at the first few seconds of this important event. As it is known, at the beginning of creation, the gravity was the first force separated from other forces. Separation of gravity from other forces happens or gravity force is created when antimatters are transferred into negative spacetime. This strange relation clarifies the issue that gravity is not the cosmos force but it is a force which enters the cosmos from anti-cosmos. Gravity is a weak and at the same time negative force since it enters the cosmos from the parallel universe. Dirac, the famous physicist, in 1928 inferred that materials can exist in two forms. First, he states his theory about electrons and argued the existence of some materials called anti-electrons. The assumption came true and American physician, Carl David Anderson discovered anti-electron or positron in 1932. Following the discovery of Dirac and Anderson, Emilio Segrè, a physicist from Italy, experimentally discovered antiproton in 1955 at the Bevatron matter accelerator at University of California and then discovered antineutrons in 1956.

However, scientists stepped forward and tried to make antiatoms and antimolecules. Questions about antimatters properties and their interaction with matters brought the scientists with new ideas. Antimatters are in fact a reflection of matter in mirror. That is, antimatters should have an opposite but same size charge and a mass identical to their matter type in the universe of matter. Another property of anti-matters is their destruction in case of collision and contact with matter. Both matter and antimatter destroy during collision and a significant amount of energy appears as gamma rays. However, if the energy is sufficiently big, it can also change into another matter-antimatter pair which draws a good picture of exchanging matter and energy. Now it is obvious why we only see the matter not the antimatter, since they have immigrated to the parallel universe. Relying on modern cosmology, it can be concluded that cosmos is not merely an inflated point, but cosmos and anticosmos are intricated in a colony where the maxima and minima fields exist besides, growing and feeding them. At first seconds of cosmos creation, everything has happened in such as high speed that when looking out, everything seems as swiftness. Questions have been continuously asked about unknowns and there has been nothing more than inflated point. There has always be a question for the scientists on how singularity disintegrated and antimatters abandoned at once and a great force called gravity extracted from singularity and distinguishes the universe. Now, in light of modern cosmology, it is known that antimatters were not destroyed at the at the beginning of the Universe but transferred into another spacetime and make anticosmos which is attached to the cosmos and are identical of the universe.

Cosmic Colony

Gaining information about initial condition of the cosmos, now we can draw a better picture of the cosmos function and its fundamental forces. Cosmos cannot be considered as an inflation absorbing energy and inflating without any specific mechanism. Regarding the law of causality, there should be a cause for every effect and cosmos is not an exception. Maxima and minima fields have made a bond realized by an intermediate field called cosmos. Consider cosmos as a sheet of paper with a signature of positive spacetime, e.g. our universe, on it and the signature of negative spacetime, e.g. anticosmos, under. Cosmos and anticosmos should be parallel since they are created as a result of maxima and minima fields crossing. Their separation means destruction of both. Cosmic colony has some factors out of our sight. That is, maxima and minima fields are completely different and distinguished from cosmic physics due to super cosmic laws. Thus, there is not trace of them in astrophysical calculations and so they are not included. Ignoring the existence of energy sources for development of cosmos and its evolution would disrupt the law of causality. It is not true to suppose the spontaneous formation of vacuum out of non-existence. Modern cosmologic model solves the problems relying on the exitance of alpha universe and suggests an acceptable reason for the formation of cosmos and produced energy source.

Third Notion of Gravity

Gravity is one the unknowns, human mind gradually became familiar with its effect on the phenomena. Newton was the first scientist who discovered a force called gravity and discussed some question about objects fall as "why apples fall down and not up?" and "why the Moon does not fall down?". Newtons ideas gradually developed.

Great theories such as the Relativity and Quantum Mechanics were established at the beginning of 20th century and each brought great achievements for physics and astrophysics. However, when these two theories come together, there comes incompatibility. Einstein's theory of relativity has taught us a great deal about gravity on a large scale. However, this theory is not able to describe gravitational fields in quantum states. Therefore, theory of relativity has to be completed in form of quantum mechanics. There is also a difficulty at microscopic level. That is, a quantum gravity theory must explain how a quantum matter is affected by gravity. Another problem about quantum gravity is what happened at the initial moments of cosmos so that a small entity became so big. In order to truly get aware of gravity operation at all levels and get a standard model, two main questions about gravity should be answered. First, "what is the nature of this force and how was it created?" and second, "what is the reason for lack of compatibility between gravity with other forces?". One property of gravity is that it is always gravity and exists in all massive matters. This force has organized celestial bodies in a specific way and caused them to spin around heavier objects under the influence of spacetime curvature and consequently form galaxies and clusters. Approximating the center of galaxies, gravity and so spacetime curvature increases.

New model of cosmology gives another notion of gravity and its operation. In this model, gravity is not considered as the inner force of the cosmos but it is a force imposed on cosmos and created its current structure. As it is known, based on Inflation theory, cosmos began with an inflation aggregating all four forces of nature at one point which were compressed at this quantum point which is called singularity in physics. This is however rejected by the new theory introduced in this book and another reason is provided for singularity since if gravity is separated from other forces, all the equation to homogenize forces in a single formula will be wrong and singularity loses its meaning. New model of cosmology tries to change how human being understand creation of cosmos and the first step toward this goal is understanding the secret of gravity. Since Einstein, various cosmic dimensions which can only be realized in mathematical formulas have been added to cosmology hypotheses to solve the puzzle of cosmos. However, they do not draw a true picture of the universe but they are just some images which can exist in our mind. In order to know the cosmos, there is a need for a model explaining quantum up and downs in a systematic way. No doubt, spacetime inflation is caused by something beyond our perception. There is a need for an enduring energy for the survival of inflation up to now and in future, which should be provided by an eternal source. New model of cosmology goes beyond the limits to find the truth of cosmos and discovers the energy sources to give a new picture of cosmos structure.

Gravity: An Alien

There are three points indicating the independence of gravity from cosmos. First, the force should be negative. Second, while the cosmos is expanding, this force is trying to constrict it and third, gravity is weak so that it seems to be out of cosmos and affects spacetime from outside. The reason that no mathematical and physics formula can unite the gravity with other forces is that it has an external source. However, everything is set in such a way that this force is assumed to be a cosmic force. Gravity is the negative spacetime effect derived from the parallel universe of the cosmos, namely, the antimatters or antimatters. The main questions asked here is that if negative and positive spacetime match together and it yes, what causes these to opposite universes to destroy each other. The main factor of destroying cosmos and anticosmos is related to their behavior and also the behavior of tychons and antitychons since their order in formation of opposite universes to avoid collision of matters should be taken into account. Consider a sheet of paper with swarf on it. If a magnet is taken under the sheet, the swarf is absorbed. More swarf can cause the sheet to bend and this is what happens in cosmos. The swarf on the sheet are not aware about the existence of the magnet because of the sheet but they feel the force and since magnet is invisible, swarf considers this force to be inner.

Contrary to what is thought, antimatters were not removed at initial moment of the cosmos but they have gone in a strange way. Antimatters have moved under the cosmos to the negative spacetime and made anticosmos. Thus, it can be concluded that cosmos sheet is not visible but it is an obstacle between the cosmos and anticosmos to prevent their collision. It seems than matters and antimatters of two parallel universe naturally tend to approximate each other and a massive body in spacetime tend to be attracted to the opposite universe. This tendency is shown by spacetime curvature around the massive body as a magnet which affects the swarf from under the sheet and bend it if the swarf is heavy. Magnet can never pass the sheet and goes up since no sheet favors magnet. In real universe, the movement of tychons and antitychons plays the role of the sheet. Opposite fields, over the cosmos, move in opposite direction and this way the opposite spacetime is made. There is a border between matters and antimatters, made by the super cosmic matters which prevent their collision. This is what causes gravity. That is, while the opposite matters are at two sides to the border, the desire of matter and antimatter to collide and change into energy, created a force which we observe it as gravity.

Dark Matter

About a century ago, Fritz Zwicky, a Swiss physicist, estimated the mass of some galaxies and concluded that their mass was 400 times of their light. On the other hand, the celestial bodies including planets, stars and galaxies would throw off due to spinning regarding their speeds. Further, the force scientists discussed for gravity between bodies is much less than the amount to prevent the throw off and there is a need for a gravity five or six times more.

Over time, there have been many assumptions proposed about the mass of galaxies, a substance that cannot be seen but exists. The visible objects of the universe are about 4% and the mass of dark matter is 23%. Our sense of sight can only see an object when electromagnetic waves hit it at the visible wavelengths, and their reflections stimulate our sight nerve so that we can see it. However, the same does not happen in the case of dark matter. To find the reality of dark matter we refer to its effects on the cosmos and antimatters. The two are enclosed in a wider field and the thing that holds them apart is the delicate tychon layer between the two that virtually obstructs the passage of electromagnetic waves, in particular, those from parallel universes. Gravity creates two things, one of which is related to the opposite spin of the two spacetime. The opposite spin of the parallel universes is arranged so that to prevent them from collision. The opposite effects of the two symmetrical universes on each other must be embedded so that to be regarded as a distant effect. A screen of the tychons and antitychons divide the two universes, but each carry spinning celestial bodies such as planets, stars and the galaxies. These bodies cannot pass through this screen and enter into the opposite universe.

The cosmos and anticosmos are parallel universes born and grow together and control each other's behavior. We have heard a lot about parallel universes, but we never knew what the source of their origin is and by what means they can interact with each other. They are intricated in a way that the gravity is considered as a familiar force. That is, the intrinsic pull of matters and antimatters relative to each other on either side of the tychon screen has caused gravity on the opposite side. However, the important thing that the screen does is the transfer of information from one universe to another. In other words, this screen modifies the effects of two disruptive universes that can be destructive, and shows as gravity to the opposite side. Residents of the universe cannot see the galaxies made from the antimatter. The closer the telescopes to the dark matter, it does not work and we cannot see any of these objects since they are behind a screen. Tychon screen prevents passage of electromagnetic waves into our universe. Therefore, trying to see the dark matter is a wild-goose chase. We cannot detect a matter and call it, for instance as one of weakly interacting massive matters (WIMPs) of dark matter. The universe is so big that we are only half of it and the other half is not ours. A galaxy in anticosmos can affect the universe in the form of dark matter and gravity and show its mass as more multidimensional. The galaxies in anticosmos cannot be seen in cosmos, but its gravitational effect can pass through the screen gap between them and the show its effect as dark matter in our universe.

So that the two universes can read each other's behavior and take a stand. The two opposing universes, because of being in a larger field (the cosmic system) must behave in the opposite but parallel direction. There have been many discussions about parallel universes, and since they cannot be proved by anyone, many scholars have discussed them very exaggeratedly without giving any reason. For example, everyone can exist in the infinite form and behavior in the infinite universe, which seems far from rational.

Let's go back to the example of two clocks stuck behind each other, or a two-way clock with two hands on it. In the upright clock, assume the clock moves as the expansion of the universe, the forward movement of which shows the positive spacetime. However, in the back clock, everything is the opposite, and the movement of the clock is associated with the expansion of the negative spacetime. These two clocks are completely dependent on each other. That is, they have an engine and if the counterpoint of one takes a step forward, then the counterpoint of the other acts counterclockwise. The astonishing performance of the two universes is like a two-person dance, hand in hand with special coordination, presenting an unrivaled art. Everything that we see as an order in this universe derives from the interplay of the two universes in coordination with each other.

Expansion of the Cosmos

Once a point, cosmos is expanding now. Regardless of what the calculations show, the reason for the expansion of the universe is one of the most complex subjects scientists have been facing for about a hundred years. An unknown and mysterious force not only expands the cosmos but increasingly separates its components. However, the gravitational force confronts it and reduces its speed. However, the increasing trend of the expansion of the universe continues. In the 1990s, a number of astronomers faced a strange issue while studying the slowdown of supernovae. They found that these bodies are moving away, and the speed of the universe expansion is not only diminishing but also increasing. It is the force that overcomes gravity, accelerating the expansion of the universe. Scientists called the force the dark energy and the use the term dark pointing to the absence of any trace of it anywhere. While dark energy composes 68% and the dark matter is 27% of the universe, the matter contains only about 5% of the universe.

Therefore, it turns out that we are in the 95%dark part of the universe. Dark energy has played a a significant role throughout the history of the universe. The Maxima and Minima fields, after collision with the Big Bang point, sends their energies to this point carried by tychons and antitychons. This energy is nothing but dark energy that fills the space. Dark energy is a kind of raw energy that comes from the cosmos and is injected into space. The cosmos is a trapezoid of tychon matters encompassing all of it.

The tychons have strange properties. Matters with speeds beyond the speed of light, when entering the universe, deplete all the energy, become lighter and exit the cosmos much faster. Physicists will never see the tychons because these matters have an imaginative mass and compose the cosmos. The cosmic context does not play a role in physical interactions, therefore, has a neutral property in this sense and is at a higher level than spacetime. Dark energy, due to quantum fluctuations and under pressure by gravitational force, is first converted into gamma radiation, then into Higgs matters, and everything else. The force of gravity can reduce the acceleration of the universe expansion to a certain extent and transform the dark energy into some kind of energy used in the cosmos. It may take millions or even billions of years, but eventually it can become matters that are involved in the creation of cosmic bodies. Cosmos can be likened to a factory taking raw and dark energy from the cosmos. During operation and with the help of gravity, they become usable items. The explanation of dark energy based on the well-known theory of vacuum energy has many faults and cause disputes between quantum mechanics and the theory of relativity.

According to quantum mechanics, vacuum energy has a very high energy in nature. On the other hand, based on the theory of relativity, which says that this high amount of energy should have a high gravity, and if it exists, it can cause the explosion of the universe to make dark energy is more difficult to understand. Therefore, vacuum energy can be troublesome regardless of the source of it. The new model can reconcile these two theories so that they admit as much energy is generated in space, the same negative energy of gravity is generated in the parallel universe as the anticosmos also have dark energy for themselves, which is a kind of balance between the two universes it creates.

As mentioned before, the force that is gravitational in our universe is dark energy in the cosmic universe and, given the equilibrium of energy in the equilibrium of the two universes, at the same rate inject negative energy into our universe bringing negative energy to the universe. This causes two parallel universes to grow and expand and have a kind of self-regulating system between them. The universe has a very small contraction and expansion in the quantum field, and the two universes coincide in a clear harmony with the amount of opposite negative energy.

Concept of Time

On the way of discovering the realities of the cosmos, understanding the nature of time is a great help to achieve the universe. If we ask any scientist or physicist about the nature of the time, undoubtedly, everyone will be unaware. Although spacetime relations are discovered by Einstein, they are generally some difficulties about the nature and concept of time. From a philosophical point of view, some definitions may be expressed over time, but such subjective descriptions cannot be the basis for understanding the time.

Understanding the agents involved in the advent of time requires knowledge beyond time. Time is passing in space with the speed of light. If the speed of an object in space increases, the speed of the time decreases. So, if the speed in space reaches the speed of light, the speed of time reaches zero and time stops. In other words, there is an opposite relationship between speed in space and the speed of time. We feel the passage of time, and space is expanding in the dimension of time. We always think that time is moving in one direction towards the future. In the new model of cosmology, the situation is different due to the rotation of the sheets in the opposite directions.

To find the real meaning of time, it is required to examine space and time separately. Einstein proved that space and time are interconnected, and the relation between the bodies and their movement in relation to each other can only be examined in form of spacetime. Therefore, with theories of Einstein and even other scholars of the time, we will never be able to examine the nature of the two categories of space and time separately. Fortunately, the new model of astrophysics provides an understanding of these two physical dimensions, which is completely verifiable, due to understanding the causes of space and time creation. It is known that the universe is expanding every moment due to the energy imposing on it.

The new model has proven that the other universe growing the antimatter is also in the direction of the universe but is also expanding the opposite way. Given that these two universes belong to a single field called the cosmic system, in this way entry of energy will give rise to a reaction of universe to the opposite one. The relationships between the cosmos and anticosmos will make them dynamic. In the new model, the time is the effect of anticosmos on cosmos. In fact, time is the mirror of space, and we see the effects of anticosmos in the form of gravity and time. Time and gravity are both one thing and the impact from the other universe. While the cosmos and anticosmos expand in opposite direction, tychon barrier prevents their collision and at the same time, we do not have any understanding of the anticosmos.

Considering the inherent nature of the fields in desire to reach each other, tychon screen passes this desire to the opposite side in the form of gravity and time, without knowing where they originate from. Because they do not belong to our universe, so that we can find a cause for them in our universe. Tychon screen is a strange thing. That is, the cosmos and its parallel universe miraculously coincide without destroying each other. The cosmos resembles the anticosmos, it is just on opposite direction. When we look at the time, we are actually looking at the momentum of negative spacetime. The adaptation of the two parallel universes forces makes the opposing forces of the two universes come together. The opposing forces in the cosmos behave in such a way that their resultant efficacy is the speed of light.

For example, when you step forward in space, in fact, you take a step backwards at anticosmos space. It should be explained that space in anticosmos is time for us. According to Einstein's law, if your speed increases, time will slow down for you. That is, as the speed of the object increases, the speed of the negative spacetime, which is equal to the speed of the light, is reduced. When you sit in the tychon and do not move, anticosmos is moving at the speed of light, and you understand it in form of time. Although your perception is ambiguous and you do not know what's going on, however, your body and mind will feel the passage of time and gravity.

Space and Time

While Einstein theory of relativity examines space and time in the framework of math and an intertwined form, and as a continuous quantity, the new model tries to understand space and time by separating them. In relativistic physics, time cannot be considered apart from three dimensions of space. Gravity and time are of the same nature as the infiltrating agents of anticosmos. Based on theory of relativity, the intensity of the gravitational field reduces the passage rate of time. It seems that the anticosmos show its force in two different ways (time and gravity) in the universe. Therefore, when the gravity of a field is reduced, the time slows down and when the intensity of the gravitational field increases, the time speeds up. That is, time and gravity are convergent. When we add water to yogurt to make buttermilk, the creature living in this solution sees everything as buttermilk and the concept of yogurt and water is meaningless for it. This creature finds out for the laws of physical relativity. If it takes water for itself as space and yogurt as time, then it understands increasing water will reduce the concentration of the buttermilk and the buttermilk solution becomes more intense and vice versa. It is immersed in the physical conditions of this solution and seeks ways to figure out what influences the concentration of the solution. When some water is added to the solution from somewhere, it is faced with a new surprise and, like us, it treats it as dark energy. The main problem with this creature drowned in buttermilk is that, firstly, it does not know another place except the buttermilk container, and second, the solution is inseparable because the buttermilk solution loses its meaning by separation of water and yogurt. This example represents a part of our attitude toward the universe and its agents that are space and time. Sometimes it is necessary to separate space and time and we will see it when they are combined together.

End of the Universe

When we are able to mentally separate time from space and act contrary to Einstein's ideas in integrating it, there will undoubtedly be new doors in solving the problems of the cosmos. Such an idea gives a human view of anticosmos, and reminds him that the universe is not all reality, and there are many mysteries in the universe which form the fate of the universe. I know the alpha universe as a universe of energy, because the energy generation in the creation of the universe needs a source, and the alpha universe as the source of energy fields has this feature. When the new model proves that there is a singularity of energy sources outside and generates energy fields of the cosmos, then the final decision-maker of the end of the universe will be the same fields.

The question of how the cosmic system (including the cosmos and the anticosmos) has accumulated tychon energy in the form of matter and antimatter and made two parallel universes is very serious and viable. Is energy injection from fields to the universe continues forever and does this energy have an eternal source or not? Interruption of tychon entry into cosmos and anticosmos stops the injection of energy and two parallel universes stop spinning and thus collide and transform into energy through a magnificent explosion.

It seems that the formation of phenomena such as the cosmos in the alpha universe are temporary events happened due to disturbances in the behavior of the fields, forcing them into bonding. The energy supply to the common point is in fact a way of preventing the destruction of the structure of the fields, and the continuation of the energy charge and the creation of the universes is a form of compulsory action for the fields. However, the new cosmological model brings a new perspective for the public and introduces the idea that creation is a very complex category beyond the human mind so that no formula can provide a comprehensive definition of it. We have to continue wandering and discover a new idea close to the truth from time to time. I hope that my ideas in this book will be universally acceptable. Next section of this book deals with unspoken quantum physics, and explains the phenomenal nature of the matters and their performance in spacetime.

The End

ردپای جهان آلفا در کیهان

مجید قدکچی

عنوان: ردپای جهان آلفا در کیهان

نویسنده: مجید قدکچی

ناشر: قرن برتر (سوپریم سنچوری)، آمریکا

شابک: ۹۷۸-۱۹۳۹۱۲۳۴۵۹

کد کنترلی کتابخانه کنگره: ۲۰۱۸۹۰۲۴۴۶

فهرست مطالب

مقدمه:

با بروز شدن اطلاعات وبا شناخت بیشتری که بشر از سازوکار کیهان بدست می آورد ، نظریات و ایده های نوینی در عرصه فیزیک و اخترفیزیک توسط دانشمندان فزونی میابد. این کتاب گامی است در جهت رسیدن و پی بردن به مجهولات کیهان که سالهاست لاینحل مانده است. در این کتاب خواننده با شیوه جدیدی از اندیشیدن در باره جهان هستی روبرو میشود ، بطوریکه تمام جرئیات آفرینش گیتی از لحظه پیدایش تا حال حاضر بدون بکارگیری هیچ فرمولی با ظرافتی خاص مورد تحلیل قرار میگیرد. در مدل جدید کیهانشناسی، هر فردی بعنوان ناظر در خارج از کیهان شاهد چگونگی ساخت آن خواهد بود. نوآوری جدیدی از اندیشیدن به مفاهیم اخترشناسی ، تغییرات عمده واساسی در برداشت ما از ماهیت کیهان به بار می آورد. تابه امروز کیهان بعنوان موجودیتی واحد و بدون دخالت پدیده ای خارج از خود ، مورد بررسی قرار گرفته است. اما شما خواهید دید که چگونه دستانی از ماورا دراز شده وجهان فیزیکی را ساخته است. ما ماهیت این دستان ماورایی را به شما معرفی میکنیم

. دو گونه فیزیک در اذهان متصور است که یکی ورایی و مربوط به خود کیهان است و دیگری مافوق طبیعت و در خارج از کیهان جاری میباشد. بحث و بررسی در مورد ارتباط دو فیزیک متفاوت ازهم ، در شکل گیری کیهان ایده نوینی است که انقلابی جدید در پاسخگویی به مجهولات جهان به بار می آورد. روابط پیچیده بین پدیده ها و در هم آمیزی علل و عوامل متعدد ، کار مطالعه کیهان را سخت میکند. در مدل جدید نوعی شفافیت در طرز کار نیروها وماهیت واقعی آنها بوجود می آید و از همه مهمتر روابط بین نیروها و هماهنگی آنها درایجاد ساختار کیهانی بر اساس اصولی قابل پذیرش مورد بحث بررسی قرارمیگیرد. عمده دغده ی انسان آنست تا شعور خاموش وی را نسبت به ماهیت کیهان روشن کند مسئله ای که شعور فعال انسان از درک آن ناتوان است. رسیدن به رتبه جدیدی از اندیشیدن که یک کلیت را مورد شناسایی قرار داده و با ارائه راهکارهایی جزئیات پنهان کیهان آشکار میشود عمده هدف ماست.یک تصویر کلی از یک عرصه نامرئی و نامحدود سر به بیرون میزند و در عرصه علم مطرح میشود.شگفت آور آنکه مسئله های بدیهی که در معادلات ریاضی و فیزیک مجهولات دست نیافتنی بحساب می آیند با اصلیت قرار دادن مفاهیمی روشن و نظام مند قابل

حل میشوند. با توجه به اینکه در این کتاب الگوی رفتاری کیهان مورد شناسایی واقع میشود و تمامی قوانین طبیعت نیز از این الگو پیروی میکنند ، تجزیه و تحلیل این الگو رمزهای ناشناخته کیهان را برملا می نماید. انتظار میرود با برملا شدن رازهای کیهانی ، دانشمندان به تکاپو در یافتن ایده های جدیدی درزمینه فیزیک و اختر فیزیک برآیند.با توجه به وقت کم و محدود و پیچیدگی مسائل سعی شده است تا عصاره مطالب در این کتاب نگاشته شود و از کلی گویی پرهیز شود که این امر سبب کم شدن تعداد صفحات آن شده است. با اینحال مطالب بقدری پر محتوا و قابل تامل است که وقت بیشتری را از خواننده خواهد گرفت. در هر صفحه از این کتاب شما با معمای جدیدی روبرو میشوید و جواب آن را در همانجا می یابید . مفاهیمی که مغز و تجربه را با هم به چالش میکشد و دیدگاهی نوین در اخترشنایی بوجود می آورد . امید است مورد توجه همگان واقع شود.

با احترامات فراوان

مجید قدکچی

رازهای کیهان

در هر کجای کیهان که باشیم چه در کهکشان راه شیری و
چه در دورترین کهکشان تازه متولد شده ازما و چه درون
بزرگترین سیاهچاله ی جهان، همگی در یک چیز مشترکیم و
آن اینکه تمام کائنات صرفنظر از اینکه چقدر از هم فاصله
داشته باشند همگی به یک اندازه یعنی ۱۳٫۷ میلیارد سال
پیش از مبداء آفرینش جدا شده اند.حال اگر این فاصله ی
طولانی را به عقب برگردیم رفته رفته کائنات به هم نزدیک
میشوند تا اینکه همه ی آنها در نقطهء مهبانگ به دور هم
جمع میگردند.نقطه ای کوانتومی که کل جرم جهان را در
خود جای داده است. این فشردگی غیر قابل وصف اجرام ،
تکینگی نامیده میشود که قوانین و فرمولهای شناخته شده ی
فیزیک و محاسبات ریاضی از شرح چگونگی حالات آن نقطه
عاجزند.طبق فیزیک کلاسیک در زمان مهبانگ تمام نیروهای
طبیعت دور هم جمع بوده و نیروی واحدی به نام ابر نیرو را
تشکیل میدادند.اما با وقوع انفجار بزرگ وبا افت شدید دما در
نخستین ثانیه های پس از بیگ بنگ این ابر نیرو از هم پاشید
وبه چهار نیروی شناخته شده یعنی گرانش ونیروی هسته ای

ضعیف و نیروی هسته ای قوی و الکترومغناطیس که اساس وبنیان کیهان را تشکیل میدهند تبدیل شد. ذرات بنیادین عالم مانند پروتون ، نوترون والکترون از این چهار نیروی طبیعت تبعیت میکنند. دانشمندان اختر فیزیک هر کدام به گونه ای با مسئله ی انفجار بزرگ در گیر بوده اند و در طول بیش از یک قرن اخیرخواسته اند راز فروپاشی این ابر نیرو را کشف کنند .به همین لحاظ هر کدام از آنها با ارائه ی فرمولهای گوناگون ونظریات مختلف با متحد کردن نیرو ها در یک فرمول مشترک نظریه ی واحدی را برای توصیف فلسفه ی کیهان ارائه کنند زیرا تا زمانی که ماهیت این ابر نیرو مشخص نشود امکان حل مجهولات کیهان همچون انرژی تاریک ،ماده ی تاریک ،علت وجود گرانش ،ماهیت فضا –زمان و سوالات بیشمار دیگر همچنان لاینحل باقی خواهند ماند..

برای حل مسئله ی تکینگی و جمع کردن نیروهای کیهانی در یک فرمول واحد انرژِی بینهایت زیادی صرف شده است ، بطوریکه اینشتین بیشتر عمر خو را صرف راه حلی نمود تا بتواند نیروهای چهار گانه را در یک فرمول واحد شرح دهد.او به این نتیجه رسیده بود که بجای نظریات متفاوت و مستقل الکترومغناطیس، نسبیت عام و ...باید نظریه ی واحدی در فیزیک وجود داشته باشد که بتواند رفتار تمامی پدیده های

جهان را بطور یکپارچه توضیح دهد. به عنوان مثال این نظریه باید بتواند رفتار تمامی نیروها و میدان های دخیل در جهان را با فرمول بندی ریاضی واحدی تبیین کند. بر همین اساس، اینشتین نام این نظریه را « نظریه میدان واحد » گذاشت..

اولین مدل ریاضی معاصربرای کیهان توسط انیشتین طراحی شد؛ دراین مدل ،عالم مسدود (فضای بسته و بدون مرز) و کروی و در عین حال ایستاست، که ما آن را به نام جهان استاتیک انیشتین می‌شناسیم معادلات ریاضی اوطوری وضع شده بود که ثابت کیهانی را در معادله خویش وارد کرد و از طرفی نیرویی بنام پاد گرانش را به جهانیان معرفی کرد که برخلاف دیگر نیروها ، از منبع خاصی نشات نمیگرفت، بلکه در کالبد فضا - زمان نهفته و خاصیت ذاتی آن محسوب میشد. البته اینیشتین بعدها به این نتیجه رسید که کارش معقول نمیباشد واین مدل ؛ جهان را نه در حال انقباض و نه انبساط می‌داند . به عبارتی دیگر جهان نه کوچکتر و نه بزرگتر می‌شود.اما برای شناخت کیهان باید از چه زاویه ای به آن نگاه کنیم و آن را چگونه ببینیم.

بعضی مواقع حس ها ما را فریب میدهند.حس ها با توجه به ظرفیتشان به ما اطلاعات میدهند و در بالاتر از آن ناتوانند. کیهان آنطوریکه توسط فرمولها ی فیزیک و ریاضی به اثبات

رسیده است همه واقعیات را رو نمیکنند زیرا کاربرد آنها بر اساس حواس ما تعیین میشوندو حواس ناقص ما در مرزبندی های بی نهایت عقیمند.کیهان پشت پرده های زیادی دارد و از آن چیزی که نشان میدهد بسیار عجیب تر است.خارق العاده تر از آنی که فکرش را میکنید. نور و فضا و زمان و گرانش در یک هماهنگی بی نظیر تنها چیزی نیستند که اقیانوس کیهانی را ساخته اند بلکه عجایب هستی در فراتر از آنها جولان میکند.آنچه که دانشمندان با استفاده از تلسکوپ های قویشان در آسمان کشف میکنند ، تنها به چیزی که شعبده بازی نور با زمان نامیده میشود نظر می اندازند واز پشت پرده این تردستی زیرکانه عالم بی خبرند.زیرا حواس آدمی تا اندازه ی محدودی اجازه میدهد از واقعیات سر در بیاورد و در بالاتر از آستانه فهم حواس ، هر عملی که رخ دهد قابل درک نیست.ازطرفی گرچه سرعت نوربرای ما سرعت بسیار بالایی است وحدودا برابر با ۳۰۰۰۰۰ کیلومتردرثانیه است ولی با توجه به سرعت گسترش کیهان سرعت بسیار آرامی است و یک سرعت لاکپشتی بحساب می آید و نور بسیاری از ستارگان میلیاردها سال طول میکشد تا به ما برسد. سرعت کم نور باعث میشود تا فضا از یکپارچگی خارج شود و به گذشته و حال وآینده تقسیم گردد. گرچه اینیشتین

فضا و زمان را را با هم متحد ساخته است اما آنها در محدوده ی بخصوصی با همدیگر لازم و ملزوم یکدیگر به حساب می آیندکه به دنیای اینیشتین معروف است . دنیای اینیشتین ، جهان محدودی است که حداکثر سرعت در آن سرعت نور است و این محدوده ای است که قوانین اینیشتین در آن مجاز به فعالیت هستند . یعنی اینکه فرمولهای نسبیت چه عام وچه خاص تحت سیطره ی سرعت نور دیواری بدور بسیاری از واقعیت های کیهانی کشیده اند .باید گفت کیهان بزرگتر وپیچیده تر از آن چیزی است که بتوان با فرمولهای نسبیت به آن رسید. وابستگی کامل به نسبیت در شناخت همه ی حقایق هستی یعنی محدود کردن فکر و ذهن ، و نرسیدن به حقایقی که در پشت پرده وجود دارد. در این میان استفاده از فرمولها و محاسبات ریاضی برای کشف گستردگی کیهان با معلومات اندک ، مجهولات بی شماری را در دست ما باقی میگذارد. روند بسط و گسترش جهان هستی بسیار پیچیده و برای موجوداتی همچون ما که پس از میلیاردها سال از پیدایش آن بوجود آمده ایم بسیار مشکل ودست نیافتنی به نظر میرسد .اگربه نظریه های نسبیت اینیشتین نظری بیندازیم متوجه میشویم که گرچه این نظریه ها تصویر واضح تری از نیروهای قابل سنجش جهان

۱۵

ترسیم میکنندااما در بسیاری از موارد همچون پی بردن به منشاء انرژی تاریک و ماده تاریک، علت ناپدید شدن ضد ماده در ابتدای تشکیل عالم ، علت گسترش کیهان ، ماهیت گرانش وبسیاری از موارد دیگر قادر به پاسخگویی نیستند.فرضیه ی نسبیت با کشیدن دیواری در حد و اندازه ی سرعت نور سعی دارد تمام واقعیات کیهان را در این حوزه ی محدود به اثبات برساند غافل از اینکه کیهان حاصل یک فرایند بسیار پیچیده است که منجر به پیدایش آن شده است.برای اینکه بتوانیم جهان را آنطور که شایسته است بشناسیم باید با دید گسترده تری به رخدادهای هستی نظر اندازیم.در این کتاب سعی خواهیم کرد از زاویه ی متفاوتی رخدادهای کیهانی را مورد بررسی قرار دهیم که منجر به پیدایش مدل جدیدی از کیهان شناسی خواهد شد .این مدل خواهد توانست به صورت بنیادین کیهان را مورد مطالعه قرار داده و مجهولات بیشماری در زمینه ی نجوم را با شیوه ای متفاوت به بحث بگذارد.

مدل جدید کیهانشناسی.

در طول زمان ، بخصوص در دو قرن اخیر تحولات شگرفی را در زمینه نجوم و اختر فیزیک شاهد بودیم . البته باید گفت که پیشرفتهای ملموس در خصوص فضا زمان جایگاه ویژه ای در فیزیک و اختر فیزیک به خود اختصاص داده است . جهان ما بر پایه کوانتا ساخته شده است .این ذرات با تعامل با یکدیگر، رفتار کیهان وپدیده های داخل آن را تعیین میکنند . ماکس پلانک فیزیکدان آلمانی اولین کسی بود که از کلمه کوانتا در توجیه رفتار ذرات استفاده کرد و با جمع کردن این ذرات در بسته ها از کلمه کوانتوم استفاده نمود . بسته های کوانتوم دارای خواص فیزیکی همچون وزن ، بار ، حرکت و... هستند.در حقیقت کوانتوم ذره عجیبی است که میتواند هم موج و هم ذره باشد. کوانتا ها با هم تعامل میکنند و ذرات پیچیده همانند فوتون ها ،اتم ها و مولکولها را میسازند و از آنها پدیده هایی همچون ستارگان ، سیارات و.. ساخته میشوند که در جهان شاهد آنها هستیم. بررسی این ذرات شاخه ای در علم فیزیک بوجود آورده است که فیزیک کوانتوم نامیده میشود. اما دنیای کوانتوم بقدری عجیب و غیر قابل پیش بینی است که با توجه به پیشرفت های قابل

ملاحظه ما در امر فضا زمان ، در سایه نظریات دانشمندانی همچون نیوتن و اینیشتین چنین به نظر میرسد که نقصان های قابل ملاحظه ای در امر درک واقعی فضا زمان مشاهده میشود و معلوم میشود نظریه های جدید و کامل برای تعریف واقعی مفهوم فضا زمان مورد نیاز است . بنابراین لزوم وجود مدل جدید کیهانشناسی که در آن فاکتورهای جدیدی در رفتار کیهان دخیل باشند مورد توجه قرار میگیرد . شناخت بهتر فضا زمان به ما این امکان را میدهد که بفهمیم ذرات جهان بر اساس چه اصولی با هم در تعامل هستند و چگونه به آن شکل میدهند. در این کتاب یک گام اساسی برای تبیین مدل جدیدی از کیهانشناسی برداشته میشود که در آن راز بسیاری از رفتارهای ناشناخته کیهان که توسط دانشمندان از زمان قدیم تا حال ناشناخته باقی مانده است گشوده میشود.

مدل جدید رفتار کیهان را نه بر اساس ذرات نور و کوانتوم بلکه بر اساس ذرات پر سرعتی که تاکیون نامیده میشوند مورد بررسی قرار میدهد این ذرات تا بحال در هیچیک از فرمولهای فیزیک و ریاضی مورد استفاده قرار نگرفته است . تاکیونها ذراتی منحصر بفردند و در حالی که با ذرات داخل کیهان با توجه به سرعت بی نهایتشان هیچگونه تعاملی ندارند اما در عین حال سازندگان اصلی کیهان هستند. بدون

آنکه ما حتی رد کوچکی از آنها را در کیهان بیابیم. حل نشدن مجهولات بی شمار فیزیک و اختر فیزیک با وجود کشفیات زیادی که طی دو قرن اخیر صورت گرفته نشان میدهد که جهت رسیدن به ره یافت های تازه در زمینه ی نجوم به متد و شیوه های جدیدی نیاز است . نگاه تک بعدی به کیهان که در آن سرعت نور حرف اول و آخر را میزند چشم ما را به روی بسیاری از واقعیات هستی می بندد .اگر به ابتدای کیهان و آغاز انبساط جهان نظری بیندازیم متوجه میشویم که انبساط تار و پود کیهان بسیار سریعتر از سرعت نور رخ داده است و آنهم زمانی که هنوز نور بوجود نیامده بود. با کنکاش و مطالعه ی شرایط اولیه که فضا زمان با سرعتی به مراتب سریعتر از سرعت نور منبسط شده مبحث جدیدی را در عرصه کیهانشناسی مورد توجه قرار می دهد که در آن امکان وجود سرعت های مافوق نوردر پیدایش کیهان ، کانون توجهات واقع میشود.میتوان ذرات را از لحاظ سرعت به سه قسمت تقسیم بندی کرد :

۱- ذراتی که هیچگاه به سرعت نور نمیرسند و شامل تمامی ذرات بنیادی شناخته شده می شود.

۲- فوتون ها و نوترینوها که با سرعت نور منتشر می شوند .

۳- تاکیون ها ، ذراتی که همیشه سرعتی بیشتر از سرعت نور دارند. این ذرات جرم موهومی دارند و هنوز دیده نشده اند

در کنار دنیای با سرعت های کمتریا مساوی سرعت نور (جهان تاردیون) دنیای دیگری وجود دارد که در آن سرعت نور کمترین سرعت است و جهان تاکیون نامیده میشود . کشفیات فیزیک تا به امروز نتوانسته نقطه ی مشترکی بین تاکیون ها و تاردیونها پیدا کند . بااینحال شواهد نشان از وجود نوعی اشتراک بین آنها در ساخت کیهان دارد. البته نظریه نسبیت خاص نظریه ی ابر نور را نقض نمی کند و شاید بتوان قوانین فیزیکی را با قوانین آن سوی محدوده ی نور سازگارتر و هماهنگ تر کرد.

آیا میتوان تصور کرد که قوانین فیزیک شامل قوانین چند گانه است که در آن میتوان جایی برای سرعت های فوق نور قائل شد؟اگر متعصبانه به موضوع نگاه کنیم و سرعت نور را اولین و آخرین کلید حل مشکلات کیهان بدانیم در این صورت راه به جایی نخواهیم برد شرایط اولیه ی کیهان نشان میدهد که گسترش جهان در لحظه ای بسیار کوتاه در حیطه ی سرعت نور نمیگنجد بلکه بستگی تام به وجود ذراتی دارد که سرعتی فراتر از محدوده ی نور دارند. در وحله ی اول اضافه کردن ذرات پر سرعت بدون در هم آمیختگی فیزیکی

آن با قوانین نسبیت امکان ناپذیر بنظر میرسد اما وقتی ارکان اصلی پیدایش جهان در رمز وجود تاکیونها نهفته باشد مسئله بکلی تغییر میکند.اگر ذرات پرسرعت را در حل امور جهان دخالت دهیم که هیچ تعاملی با تاردیون ها و نور ندارد پس تاکیونها در کجای پازل کیهانی میتوانند جای بگیرند؟ باید گفت این ذرات در جایگاهی قرار دارند که در آنجا ما با مجهولات کیهانی دست و پنجه نرم میکنیم. به دیگراکثر سخن مجهولات جهان ، بیشتر به این خاطر است که سرعتهای مافوق نور در فرمولهای ریاض و فیزیک درج نشده است . از جمله میتوان به علت پیدایش کیهان و علت گسترش آن اشاره کرد که فیزیک معاصر جواب قانع کننده برای آن ندارد.دانشمندان به شدت از تکینگی و دست گذاشتن به هر چیزی با چگالی و دمای نامتناهی هراس دارند . مثلا زمان صفر یا بیگ بنگ و یا مرکز یک سیاهچاله ، زیرا در چنین جاهایی فیزیک از بین میرود و این نقاط هیچ توصیف ریاضی را بر نمی تابند.لذا دانشمندان وجود این نقاط را بدون هیچ دلیل خاصی قبول دارندو بقول معروف همین است که هست. معادلات اینیشتین در نقطه تکینگی جواب بی نهایت میدهد و جواب بی نهایت برای دانشمندان خوشایند نیست.بنابراین عده ای اظهار میدارند که تمام عالم

در اثر یک تصادف کوانتومی بوجود آمده است، چیزی که موضوع را بسیار پیچیده تر میکند.

در این کتاب برای پاسخ به بسیاری از سوالات کیهانشناسی که تاکنون بی پاسخ مانده است گامی جسورانه برمیداریم وبا نگرشی نو در مطالعه کیهان ، ذراتی فراتر از سرعت نور یعنی تاکیونها را به معادلات کیهانشناسی می افزاییم .ذراتی که دیدی وسیعتر از سرعت نور(که برای مطالعه کیهان با محدودیت سرعت مواجه است) به تصورات ما می دهد . با افزوده شدن ذرات فرانوری دیدگاه ما نسبت به کیهان عوض میشود . در حقیقت کیهان به نوعی زیر پای شما قرار میگیرد و صاحب ذراتی میشوید که نور زیر مجموعه آن است. نظریه وجود ذرات ماورایی در فیزیک یک قصه یا یک افسانه و یا یک فرضیه تخیلی نیست بلکه واقعیتی انکار ناپذیر و ثابت شده است که همه ارکان فیزیک موجود در کیهان را شامل میشود . ما به مدلی دست یافته ایم که در آن میتوان به بسیاری مجهولات اختر فیزیک پاسخ گفت . ذرات تاکیون حلقه مفقوده در مطالعات کیهانشناسی است که سر منشا پدید آمدن بنیان های طبیعت وزیر ساخت های آن می باشد . در مدل جدید بسیاری از طرز تفکرهای ما که سالها به آنها اعتقاد راسخ داشتیم مردود واز رده خارج میشوند زیرا

بسیاری از واقعیت های جهان آشکار میشود.البته همیشه در طول زمان نظریه های جدید در علم فیزیک و اختر شناسی نظریه های قدیم را لغو، یا آنها را کامل کرده اند .

با نگاهی به نظریات قدیم و مقایسه آن با اصولی که در این کتاب به آنها اشاره میشود خواهیم دید که اصول جدید تا چه اندازه در برگیرنده بسیاری از سوالات بشر در زمینه فیزیک کلاسیک ، نسبیت عام و فیزیک کوانتوم است و طوری به موشکافی تمامی لحظات کیهان می پردازد که مجهولی غیر قابل حل در پرسشهای اساسی کیهان نمی ماند. نظریه تاکیونها مرتبه ای بالاتر از طبیعت را به ما میشناسانند.در مدل جدید ، ابتدای وانتهای کیهان توسط ذرات پر سرعت تاکیون آنالیز میگردد و توضیح میدهد رفتار کیهان چرا باید اینگونه باشد.

مدل جهانی آیزاک نیوتن که در کتاب اصول فلسفه طبیعی شرح داده شده همه چیزرا مطلق فرض می کند . او در این کتاب میگوید که فضا در ذات خود مطلق و بدون نیاز به چیزی خارج از خود در همه جا یکسان است . این موضوع در فیزیک کلاسیک مورد پذیرش واقع شده و اصلیست که باعث شد تا بسیاری از ابهامات مکانیک نیوتنی حل شود. جهان نیوتنی جهانی ساده حتی قابل فهم توسط مردم عوام است و

در بسیاری از موارد کاربردهای مفیدی را ارائه میدهداما در عین حال در خیلی موارد نواقص بسیار دارد . در جهان نیوتنی زمان همواره با نرخی ثابت در گذر است و همانند فضا با هیچ چیز خارج از خود ارتباط ندارد . به عبارت دیگر فضا و زمان در ذاتشان مطلق هستند.در دیدگاه نیوتنی تجربه فضا و زمان برای هر فردی در هر شرایطی تغییر نمیکند.اینیشتین در نظریه نسبیت عام خود ، بازی اجرام آسمانی با فضا و زمان را به گونه ای دیگر مورد واکاوی قرار میدهد که در آن رفتار هر پدیده ای در فضا تحت تاثیر خمیدگی آن است . از طرفی فضا و زمان وابستگی غیر قابل تفکیکی از هم دارند ،بطوریکه رفتار اجرام در صفحه ای مشترک بنام فضا زمان قابل بررسی است. در این صفحه صاف و گاها خمیده ، عالم با پدیده هایش قوانین منحصر بفردی بنیان نهاده شده است. در گستره بینهایت ، ذرات با هم در تعامل هستند و فضا زمان بستری را فراهم آورده تا کائنات در آن شکل بگیرند. چنین تصوری از کیهان عصاره ی تمام یافته های بشری در عصر حاضر است . اما مدل جدید کیهانشناسی ذرات جدیدی را به عرصه کیهان و علم اختر فیزیک وارد میکند که آنها سازنده فضا زمان هستند. تاکیون ها مفهوم فضا و زمان را به کلی دگرگون میکنند ، آنها معنی دیگری به فضا میدهند . در

مدل جدید فضا تار و زمان پود کیهان است و در اقدامی شکوهمند دست در دست هم داده و کائنات را ساخته اند.

اسرار جهان فاش میشود.

بی تردید نظریاتی که تاکنون در عرصه کیهانشناسی برای شناخت جهان مورد توجه قرار گرفته بیشتر به روابط بین پدیده ها در قالب فرمولهای فیزیک و ریاضی پرداخته و علتی برای وجود و چگونگی پیدایش حتی ساده ترین و بدیهی ترین پدیده های جهان ارائه نمی دهد. نمونه هایی مثل نیروی گرانش و انبساط جهان و مهبانگ و دنیای کوانتوم معماهایی هستند که دانشمندان به هیچ وجه از علت ذاتی وجود آنها آگاه نیستند و فقط میدانند که چنین رفتار های کیهانی وجود دارند .دانشمندان نمیدانند که گرانش چرا وجود دارد و عمده مطالعه آنها در این زمینه اینست که دخالت این نیرو را در روابط بین پدیده ها بسنجند و قادر نیستند که چرایی وجود آن را به اثبات برسانند.یا در مورد علت پیدایش مهبانگ که کل جهان از نقطه ای بسیار ریزحتی کوچکتر از نوک سوزن شروع به گسترش کرده ،توضیحی قانع کننده ارائه کنند. برخی از دانشمندان حتی اصل علیت را در مورد بیگ بنگ زیر پا گذاشته و به نظریاتی واهی مانند نظریه حباب ها و پیدایش جهان از هیچ دل

خوش کرده اند ، در صورتی که پیدایش جهان علتی دارد و اصولی محکم و متقن آن را رهبری میکند.مدل جدید کیهانشناسی به کمک ما آمده و فهم جدیدی را از روابط فیزیکی ارائه میدهد که در آن بسیاری از چیزها که برای ما گنگ و غیر قابل حل هستند قابل درک می شوند. علت اینکه مجهولات بیشماری در حوزه فیزیک و کیهانشناسی داریم اینست که ما کیهان را کوچک و محدود میدانیم . فهم ما از کیهان شعاعی به اندازه سرعت نور دارد و این واحد اندازه گیری برای کیهان بسیار کوچک است ، بنابراین طبیعیست که ما نتوانیم در این حوزه کوچک اتفاقات بزرگ را درک کنیم . در مدل جدید حوزه کیهان بسیار وسیعتر از چیزیست که قبلا تصور آن را داشتیم. تاکیونها با سرعت خارق العاده در کیهان حضور دارند و تمام روابط فیزیک در سایه این ذرات پا به عرصه وجود گذاشته است.ما گام به گام پیش خواهیم رفت تا چگونگی ورود آنها به کیهان از لحظه مهبانگ تا حال حاضررا مورد بررسی قرار دهیم .

مدل جدید به ما این امکان را میدهد تا در سایه حضور ذرات تاکیون در کیهان دید بهتری نسبت به جهان پیرامون خود داشته باشیم . نور یک واحد اندازه گیری با سرعت معین وثابت است ، لذا برداشت ما از کیهان ناقص و ابعاد کیهانی از

دید ما مخفی خواهند ماند . کیهان به هیچ وجه آن چیزی نیست که دانشمندان تصور میکنند. ما مجهولات بسیاری داریم که برای بهتر شناختن جهان هستی باید آنها را حل کنیم . ما به ابزاری قدرتمند و ذراتی پرسرعتتر نیاز داریم تا به ابعاد واقعی کیهان دست یابیم. بی تردید اولین سوالی که هر کسی در طول زندگی خود میپرسد چگونگی پیدایش کیهان است. البته دانشمندان به پیشرفتهای قابل توجهی در این زمینه دست یافته اند ، آخرین آنها نظریه تورم کیهانی است که توسط آلن گوت در سال ۱۹۸۰ میلادی پیشنهاد شد بر اساس این نظریه کیهان از یک نقطه بسیار ریز کوانتومی آغاز شده است .این نقطه کوچک در کسری از ثانیه بسرعت متورم شده و در طول میلیاردها سال کیهانکنونی را بوجود آورده است. اگر این فرضیه را درست بحساب بیاوریم در اینصورت به نظریه ای فراکوانتومی نیاز داریم تا علتی برای تشکیل این ذره کوانتومی بیابیم. بی تردید ذرات تاکیون و منشا پیدایش آنها کیهان نیست و اگر فرضیه ای را ارائه کنیم که در آن تاکیونها موجبات پیدایش کیهان را فراهم آورده باشند باید بفهمیم این ذرات از کجا آمده و چگونه در پیدایش کیهان نقش داشته اند؟

خلاء کیهانی:

پاسخ دادن به این سوال که خلاء کیهانی چیست و چه ماهیتی دارد میتواند راهگشای بسیاری از سوالاتی شود که فیزیک کوانتومی با آن دست و پنجه نرم میکند.با کشف ذراتی که به ذرات هیگز معروف شده اند ، همه ی دانشمندان به این نتیجه رسانده است که خلاء کیهانی در شکل کلی اش فضایی خالی از ذرات و یا انرژی نیست بلکه فضا دارای نوعی انرژی است که بواسطه ی آن ذرات هر لحظه خلق و نابود میشوند. در مدل استاندارد کیهان شناسی حلقه ی مفقوده ای وجود داشت که با کشف آن میشد بلوکهای پازل سازنده کیهان را کامل کرد .بیش از نیم قرن پیش پیتر هیگز به همراه فرانسوا انگلرت وجود ذرات هیگز را پیش بینی کرده بودند. به گفته دانشمندان ذرات هیگز بمانند مه و یا ابر رقیقی تمام فضای کیهان را پر کرده اند. بنابرابن ذرات بنیادی برای هر حرکتی باید از میان ذرات هیگز که کل فضا را پر کرده عبور کند. بر پایه ی آخرین تحقیقات صورت گرفته جرم ذرات هیگز ۱۳۰ برابر جرم ذرات پروتون است. اهمیت ذرات هیگز بدان علت است که این ذرات با ذرات

بنیادی بر همکنش دارند و از روی شدت بر همکنش آنها باذرات میتوان جرم ذرات هیگز را بر آورد نمود. ذراتی که در عبور از فضا برهمکنش ضعیفی با ذرات هیگز داشته باشند بسادگی از میان این ذرات عبور خواهند نمود گویا این که اصلا جرمی ندارند ، اما ذراتی که برهمکنش شدیدی با ذرات هیگز داشته باشند به سختی حرکت خود را در فضا پیش خواهند برد و رفتار این ذرات در فضا برای ما این چنین معنی میشود که بگوییم که آنها ذراتی جرم دار هستند. در لحظه تولد جهان (مهبانگ) همه ذرات بنیادی جهان بدون جرم بوده اند ،اما با پیدایش فضا زمان در کسری از ثانیه ذرات هیگز تمام کیهان را پر کردند و ناگهان برخی از ذرات بنیادی بواسطه بر همکنش با آنها جرم دار شدند؟

تاکیونها هر لحظه وارد کیهان میشوند ، آنها لایه ی اصلی وبهتر بگوییم تار و پود فضا زمان را میسازند ذرات تاکیون در گذر از کیهان انرژی خود را به صورت یکنواخت در کل آن پخش میکنند زیرا آنها سرعت فوق العاده ای دارند و با از دست دادن انرژی در کیهان سرعتشان نیزافزایش می یابد و در چشم بر هم زدنی کیهان را ترک میکنند. ورود تاکیونها به کیهان بصورت مستمر و لاینقطع و زنجیروار است ، همین امر سبب میشود تا این ذرات بمانند فرشی ابتدا و انتهای کیهان

را بپوشانند وبا انرژی خود چیزی که ما آن را فضا مینامیم را بوجود آورند.این لایه بقدری به هم پیوسته ومنسجم و با سرعتی سرسام آور است که بمانند صفحه ای می ماند که کائنات بر روی انرژی دفع شده از آنها جای گرفته اند. احساسی که ما از تاکیونها داریم همان خلاء یا هیچ است زیرا ذرات تاکیون هیچ برهمکنشی با ذرات بنیادی ندارد.اما ذرات تاکیون هنگام ورود به کیهان انرژی از دست میدهند وماهیت انرژی خارج شده از تاکیونها برای ما بسیار مهم است. این انرژی همان است که در خلاء شاهد آن هستیم . منشاء ذراتی که هر لحظه در فضا خلق و نابود میشوند از انرژی دفع شده تاکیونهایی هست که هر لحظه در کیهان حضور دارند.

انرژی حاصل از دفع انرژی توسط تاکیون ها میدانی را تشکیل داده که ما آن را با نام میدان هیگز میشناسیم . ذرات هیگز اولین ذراتی هستند که در کیهان بوجود آمده اند.ذرات هیگز هر لحظه خلق و نابود میشوند و با این کار خود انرژی لازم برای بوجود آمدن سایر ذرات بنیادی را فراهم میکنند. نهایت فهم ما از فضا همان پی بردن به ذرات هیگز است و در فراتر از آن دچار مشکل میشویم. گفتیم که کائنات بر روی انرژی حاصل از تاکیونها سوارند که فضا زمان نامیده میشود.چیزی که باید بیشتر به آن توجه شود مسئله

۳۱

ساختاری تاکیونها ست که رفتار آنها بعنوان تامین کننده انرژی کیهان محسوب میشود و در رده ای بالاتر از فضا زمان اینیشتینی که درجهان شاهد آن هستیم قرار دارد. صفحه تاکیونی که بر فراز فضا زمان مستقر است توسط هیچ جرم و ماده ای خم نمیشود و چیزی که بعنوان فضا زمان می شناسیم انرژی حاصل ازذرات تاکیون هست که بطور منظم در سراسر کیهان پخش شده است و منطبق با صفحات تاکیونی بوده و صفحه کیهانی نامیده میشود.

جهان آلفا

صحبت از یک ابر فضا که کیهان درون آن قرار گرفته وتوسط انرژی آن بسط و گسترش میابد شاید برای بسیاری از کسانی که آفرینش کیهان را از هیچ میدانند خوشایند نباشد. شواهد فیزیکی که در طول این کتاب مفصل در باره ی آن صحبت خواهد شد نشان میدهد که یک میدان فرا ابعادی با تزریق انرژی موجبات انبساط کیهان را فراهم میکند . وجود جهان ماورایی که که از دور دست به شکل گیری و ادامه ی حیات کیهان انجامیده است یک خیال پردازی فلسفی نیست بلکه یک واقعیت محض در اختر فیزیک میباشد.سفر به بعد پنجم و فراتر از آن سفر دل انگیزیست. رها شدن از بسیاری از قید وبندهای کیهانی و رسیدن به چیزهایی که قبلا از درک آنها غافل بودیم. سفر به ابعاد مافوق طبیعت ، درست مانند سفر انسان به بالای جو زمین که کلیت زمین از بالا نمایان است. ما بعد پنجم وفراتر از آن را که یک ابر فضاست جهان آلفا مینامیم و علت این نامگذاری آنست که این جهان بسیارگسترده و پهناوربوده و مجموعه ی کاملی از ابعاد هستی در آن حضور دارند . فضا زمان به آن صورتی که در جهان خاکی خودمان با آن مواجه هستیم در جهان آلفا معنی

۳۳

ندارد و کیهان زیر مجموعه ای از این جهان فرا ابعادیست. جهانی گسترده و وسیع که کیهانهای بیشماری میتواند در آن حضور داشته و فضا زمانهای گوناگونی با خصوصیات متفاوت در آن ساخته شود.اما انسان که ذهنی چهاربعدی دارد چگونه میتواند به یک جهان پنج بعدی و بالاتر از آن فکر کند؟ شاید حق با شما باشد و اندیشیدن به ابعاد فوق طبیعت در یک محیط چهار بعدی یک توهم محسوب شود اما ذهن پیچیده ی انسان میتواند همانند سازی هایی را با اطلاعات بدست آورده ی خود انجام دهد و از اطلاعات محدود به نتایج نا محدود برسد. رسیدن به بعد پنجم یا فراتر از آن یعنی محدوده ی جهان آلفا توانایی ذهن انسان را بالا میبرد و او را قادر میسازد تا به بیشتر از آنچه میبیند در مورد جهان اندیشه کند. انیشتین با ارائه ی نسبیت های خاص و عام توانست روابط علت و معلولی بسیاری از پدیده ها را نسبت به هم پیدا کند و با یکپارچه دانستن فضا وزمان به بسیاری از واقعیت های فیزیکی دست یابد.مثلا اینیشتین با نسبیت عام مفهومی تازه از گرانش را به نمایش گذاشت که طرز تفکر ما در مورد جاذبه را نسبت به دوران نیوتنی تغییر داد. نخستین بار نیوتن با در نظر گرفتن جاذبه به عنوان نیروی بین اجسام، نشان داد که جاذبه چطور در مقیاس‌های بزرگ عمل می‌کند.

سپس اینشتین ایده‌های نیوتن را در نظریه نسبیت عام خود اصلاح کرد. وی نشان داد که توصیف جاذبه به‌وسیله انحنای چارچوب فضا-زمان توسط یک جسم، بهتر انجام می‌شود. همه ما ازآن رو به سمت زمین کشیده می‌شویم که جرم سیاره، چارچوب فضا-زمان پیرامون خود را خم کرده است. نیوتن و اینشتین بینش عمیقی را برای درک نیروی جاذبه فراهم کردند، اما قوانین آنها تنها توصیف‌های ریاضی است. این نظریه‌ها تنها نحوه عملکرد جاذبه را تشریح می‌کنند، بدون این‌که بگویند جاذبه از کجا سرچشمه میگیرد. فیزیکدانان نظری تلاش زیادی را برای ایجاد ارتباط بین نیروی جاذبه با دیگر نیروهای بنیادین شناخته شده جهان انجام داده‌اند اما نظریه ای در دست نیست که بگوید ماهیت گرانش چیست؟ مدل استاندارد فیزیک درتوصیف دنیای زیر اتمی که شامل نیروهای الکترو مغناطیس و نیروهای هسته ای قوی و ضعیف است نیروی گرانش را در بر نمیگیرد. نظریه های موجود در مورد گرانش بسیار ضعیف هستند و فیزیکدانان به مدل استانداردی نرسیده اند که در برگیرنده ی نیروی جاذبه نیز باشد به همین خاطرتئوری های جدیدی مانند نظریه ی ریسمانها وگرانش کوانتومی پا به عرصه ی وجود گذاشته اند که به فرمولهای ریاضی وابسته بوده ودر

جهان واقعی کارایی ندارند. حال بسیاری از دانشمندان به این نتیجه رسیده اند که گرانش توسط خواص بنیادین فضا زمان تولید میشود . اما در این مورد نیز سوالی پیچیده ترمطرح میشود که خواص بنیادین طبیعت از کجا آمده اند؟با حضور درجهان آلفا تعریف جدیدی از گرانش ارائه میشود و توضیح میدهد که چگونه جرم و فضا زمان تحت تاثیر یک نیروی خارجی که در ماورای کیهان حضور دارد سرچشمه میگیرد. ما انسانها موجودات محدودی هستیم و دامنه ی دریافت اطلاعاتمان از کیهان بسیار کم است .زیرا تمام ابزاری که برای شناسایی کیهان در اختیار داریم نور و سرعت آن است . ما اجازه نداریم از این محدوده خارج بشویم ، بنابراین هر تحقیق یا کاوشی را باید با سرعت نورمورد مطالعه قرار داد.به زبان دیگر ما موجوداتی محصور شده در سرعت نوریم واگر به فراتر از آن بیندیشیم جز خیال پردازی چیزی نصیبمان نخواهد شد . در حالی که میدانیم سرعتهایی بالاتر از سرعت نور در جهان وجود دارد اما بدلایل گفته شده ، بود و نبودشان برای ما یکیست . چون تاثیر آنها را در کیهان خودمان نمیبینیم به همین دلیل دنبال کشف محدوده های بالاتر از سرعت نور نمی رویم . سرزمینی که در آن سرعت فرانور حضور داشته باشد از دیدگاه ما یک جهان متافیزیک

محسوب میشود که قوانین وقواعد مخصوص به خودش را دارد. البته ما به غلط فکر میکنیم که آنها هیچ تاثیر فیزیکی در نحوه ی عملکرد کیهان ندارند وشواهد نشان میدهد که یک رابطه ی علت و معلولی در بوجود آمدن کیهان نقش داشته که آفرینش خودبخودی جهان هستی را زیر سوال میبرد. .

اختر فیزیک جدید که متکی بر وجود جهان آلفاست در کشف واقعیتهای هستی برضرورت وجود سرعتهای مافوق نور در خلق کیهان تاکید دارد. کیهان شناسی نوین صرفنظر از اینکه انسان میتواند یا نمیتواند به بررسی ماورای کیهان بپردازد گامهای جسورانه ای را برای رهایی از قید وبندهایی که نور و سرعت آن برای انسان ایجاد کرده است برمیدارد. در این نوع فیزیک انسان بطور ذهنی سرعتهای بالا را تجربه میکند..

اما اسرار پشت پرده ی کیهان کدامها هستند؟ بی تردید شما به بسیاری از این مجهولات آگاه هستید و میدانید علت اینکه شما نمیتوانید برای آنها پاسخی بیابید اینست که تنها ابزار کشف حقایق یعنی نور توانایی رد شدن از حصارهایی که فضا زمان ایجاد کرده است را ندارد. اولین مجهولی که بیشترین سوالات در مورد آن میشود و هیچگاه جوابی برای آن یافت

نشده ، لحظه ی پیدایش کیهان یا مهبانگ است . نور در این نقطه متوقف است و نمیتواند عرض اندامی بکند چون هنوز زاده نشده است . اطلاعات موجود در جهان و چگونگی شکل گیری آن از ۱۰ بتوان ۴۳ ثانیه پس از مهبانگ در دسترس است.همانطوریکه میدانید نظریه ی مهبانگ چیزی در مورد علت آن ارائه نمیکند بلکه توضیحی است که در آن پیامدهای مهبانگ شرح داده میشود مثلا چگونه جهان نوزاد اولیه ی داغ چگال گسترش میابد و بتدریج از گرمای آن کاسته شده یا چگونه عناصر سبک اولیه در طول انبساط کیهان با همدیگر ترکیب میشوند.بنابراین در این نظریه عواقب حوادث کیهان اولیه بیشتر مد نظر است تا شرح علت این وقایع. در صورتی که کیهانشناسی بر پایه ی سرعت های بالا به چگونگی پیدایش هسته ی اولیه ی مهبانگ میپردازد.

میدانهای متعلق به جهان آلفا:

در حالی که فکر میکنیم جهانی با سرعت بالا هیچگونه سنخیتی با کیهان ندارد و فرمولهای فیزیکی در بالاتر از سرعت نور کارایی خود را از دست میدهند اما رفتار کیهان وعملکرد دو گانه آن ما را به این نتیجه میرساند که تمام عملیات کیهانی تحت تاثیرپدیده ای فراکیهانی است که از جهان آلفا صادر میشود.این عملیات به گونه ای دقیق ، پیچیده و حساب شده است که تمام رفتارهای کیهانی بر اساس نقشه راهی است که در جهان بالاسری ترسیم میشود.از میان بیشمار میدان انرژی که میتواند در جهان آلفا وجود داشته باشد دو میدان در شکل گیری کیهان سهیمند.ایندو در رفتاری متفاوت از هم باعث پیدایش جهان خاکی ما شده اند.در حالی که نمیتوان رابطه قابل لمسی بین یک جهان با سرعت بالا و کیهان قایل شد اما این دو میدان این توانایی را دارند تا کیهان را ضمیمه جهان آلفا کنند .

میدان ماکسیما که کیهان برای بقا به انرژی آن وابسته است در یک طرف ماجرا قرار دارد و میدان مینیما درست بر عکس آن عمل میکند و سعی در گرفتن انرژی از کیهان را دارد

طوری عمل میکنند تا جهانی که الان شاهد آن هستیم بوجود آید. امکان اینکه تعداد بیشماری میدان انرژی در جهان آلفا وجود داشته باشد کاملا منطقی است اما اینکه همه آنها مانند میدانهای ماکسیما و مینیما تعامل کرده و جهان تاردیونی مانند کیهان را بسازند نیاز به شرایطی خاص خواهد داشت.میدانهای ماکسیما و مینیما دست بدست هم داده و جهان تاردیون کیهان را ساخته اند، اما براساس نظریه نسبیت هیچ فرایند فیزیکی نمیتواند در سرعتهای بالاتر از سرعت نور انجام بگیرد. فرضیه ابر نور، نظریه نسبیت خاص را نقض نمیکند ، بلکه آن را با دنیایی که در آن سوی محدوده نور قرار دارد سازگارتر و هماهنگترمی سازد. رابطه ای که بین میادین جهان بالاسری برقرار میشود میتواند سیستمی را بوجود آورد که در آن سرعتهای پایین تر از تاکیونها بوجود آیند و ما باید بدنبال نقشه راهی باشیم که در آن انرژی تاکیونی به جهان تاردیون تبدیل شود.

سفر به ماورای کیهان:

واقعیات کیهان هیچگاه برملا نمیشود مگر آنکه ما دیوارهایی را که دور کیهان کشیده شده اند و امکان ردیابی موقعیتمان در جهان هستی را از ما سلب نموده را بشکنیم و واقعیتهای آن طرف کیهان را درک کنیم. لذا لازم است سفری به ماورای کیهان داشته باشیم که در آن تنها سرعت نور تعیین کننده اطلاعاتمان در مورد جهان نباشد و با شناسایی تاثیرات پدیدهای فرانوری درک بهتری از کیهان داشته باشیم . کم کم به مبحث اصلی کیهانشناسی نوین نزدیک میشویم. در ابتدا ما باید تصویر واقعی از میدانهای ماکسیما و مینیما در ذهن داشته باشیم . با واقعیاتی که ما از جهان فیزیک و کلا کیهان داریم پذیرفتن چیزی فراتر از نظریه نسبیت خاص و عام اینیشتین و همچنین فیزیک کوانتوم بسیار دشوار خواهد بود . اما وقتی به عمق مسئله میرسیم درمیابیم که مدل جدید کیهانشناسی در کمال شگفتی تمام مجهولات فیزیکی را که سالیان دراز جوابی برای آنها نداشتیم بخوبی علت آنها راآشکار میکند. این مدل به وجود دنیای فراتر از کیهان کاملا پایبند است و کیهان را جزئی از جهان آلفا میداند و بر این

اصل تاکید دارد که نطفه کیهان یعنی همان نقطه آغازین جهان که با هیچ معادله فیزیکی قابل حل نیست در جهان آلفا و به کمک دو میدان متعلق به آن بسته شده و توسعه یافته است.

برطبق نظریه تورم ، انبساط جهان اولیه در سرعتی بسیار فراتر از سرعت نور صورت گرفته است. دوره تورمی جهان ازده بتوان منهای سی وشش ثانیه تا ده بتوان منهای سی وسه ثانیه پس از آن بطول انجامید که در آن حجم کیهان ده بتوان هفتاد و هشت برابر شده بود. بر طبق این نظریه در اولین یک تریلیون تریلیون ثانیه نیرویی که از آن بعنوان نیروی ضد گرانش نام برده شده است باعث انبساط کیهان شده است. جهان در کسری از ثانیه با ضریب غیر قابل تصوری برابر ده بتوان پنجاه و بسیار بیشتر از سرعت نورگسترش یافته که این سرعت را فقط در تاکیونها میتوانیم سراغ بگیریم. تفاوت اساسی که در نظریه تورمی و نظریه نوین تاکیونی وجود دارد اینست که در نظریه تورمی چهار نیروی اساسی کیهان در نقطه ای جمع بودند و با آغاز تورم نیروها از هم گسسته شده اند در صورتی که در نظریه مبتنی بر وجود جهان آلفا مسئله تکینگی جهان به گونه ای دیگر مطرح است و نیروهای جهان همگام با تورم بوجود آمده اند و

۴۲

اینطور نبوده است که از اول وجود داشته و در یک نقطه با هم باشند . در نظریه نوین سیستمی ارائه میشود که در آن به چگونگی پیدایش نیروهای بنیادین طبیعت میپردازد وجهت دهی تاکیونها و پادتاکیونها در یک میدان مشترک و تقابل آنها در این میدان عامل اساسی پیدایش این نیروها بشمار میرود.اینکه ذراتی با سرعتی فراتر از سرعت نوروجود داشته باشد ناقض نظریه نسبیت خاص اینیشتین نیست ، چرا که سرعت نور مختص اجرام مادی داخل کیهان است و شامل تارو پود و ابعاد کیهانی نمیشود .

آفرینش جهان

برای آنکه بفهمید کیهان چگونه خلق شده است باید سفر دور و درازی را بسوی گذشته داشته باشید تا به مبدا کیهان برسید. این سفر ۱۳/۷ میلیارد سال بطول میکشد . اما نگران نباشید ذهن شما آنقدر قدرت دارد تا شما را در چشم بهم زدنی به مبدا کیهان برساند.اما این تمام ماجرا نیست و مبدا کیهان جاییست که تمام قوانین فیزیکی خاصیت خود را از دست میدهند . در این نقطه نه از نور خبری هست و نه هیچ ذره بنیادی ! نقطه ای که به ظاهر تمام اجرام آسمانی در هم فشرده و در نقطه ای کوچکتر از سر سوزن دور هم جمع گشته اند. به این نقطه تکینگی میگویند. اگر از درون کیهان به این نقطه نگاه کنیم گویا به انتهای خط رسیده ایم زیرا هیچ فرمول فیزیکی و ریاضی قادر به شرح و توصیف این نقطه نیست ، حتی عقل انسانی هم در این نقطه متوقف میشود .زیرا ما از ناحیه ای محدود یعنی داخل کیهان که ابعاد محدود هستند به جهان نگاه میکنیم. در صورتی که برای خلق جهان ابعاد ماورایی دخیلند و اگر در داخل کیهان باشیم قادر نخواهیم بود آ ن ابعاد را ببینیم . در مطالعه

کیهان و در نقطه تکینگی به سدی غیر قابل نفوذ بر میخوریم که دیوار پلانک نامیده میشود. بنابر نظریه بیگ بنگ ، گسترش کائنات از یک انفجار آتشین آغاز شده و تا امروز ادامه یافته و احتمال دارد این گسترش تا بینهایت ادامه داشته باشد. ولی ما یقینا میخواهیم بدانیم پیش از این انفجار اولیه وضع از چه قرار بوده است. اما برای فهمیدن این موضوع باید از دیوار پلانک عبور کنیم. نه تنها در عرصه فیزیک ، بلکه حتی در عرصه فلسفه و منطق نیز سختی های زیادی در این سیربه ماورا وجود دارد.طبق نظریه مهبانگ ما نمیتوانیم تاریخ کائنات را قبل از زمان صفر آغاز کنیم ولی قادریم آن را از لحظه‌های بسیار کوتاه و غیر قابل تصور یعنی ۴۳- ۱۰ ^ ثانیه پس از بیگ بنگ مورد بررسی قرار دهیم. در ۴۳- ۱۰ ^ ثانیه پس از بیگ بنگ ، کائنات بیش از ۳۵ – ^ ۱۰ متر قطر نداشته و ده میلیون میلیارد میلیارد بار کوچکتر از یک اتم هیدروژن بوده است. در این زمان عالم چنان جوان است که نور نمیتواند به دورها سفر کند و افق کیهانی که کائنات قابل دید را در بر میگیرد، بسیار نزدیک است. در این زمان حرارت به ۳۲ ^ ۱۰ کلوین میرسد. کائنات بسیار غلیظ و فشرده (۹۶ ^ ۱۰ برابر غلظت آب) و انرژی آن غیر قابل اندازه گیری است. ما نمیتوانیم رفتار و مشخصات اتمها و نور

را در جاذبه بسیار قوی دریابیم. این مساله نخستین بار در آغاز قرن حاضر توسط "ماکس پلانک" مطرح شد. به همین دلیل زمان ۴۳- ^۱۰ ثانیه را "زمان پلانک" می‌گویند. برای پشت سر گذاشتن زمان پلانک به نظریه‌ای کوانتیک از جاذبه نیاز است که در آن قوه جاذبه بتواند با سایر نیروها متحد شود. فیزیکدانان در تلاشند تا یک نظریه جامع برای طبیعت بیابند که در آن چهار نیروی حاکم بر جهان بصورت یک نیروی واحد عمل کنند و تا کنون موفق شده‌اند شرایط گرد آمدن نیروهای هسته‌ای قوی و ضعیف و نیروی الکترومغناطیسی را بدست آورند. ولی نیروی جاذبه همچنان با اتحاد با این نیروها مخالفت می‌کند. این نیرو که بر دنیای بینهایت بزرگها حاکم است از هر گونه اتحاد با دنیای بینهایت خردها سرباز می زند. برای آنکه بتوانیم مکانیک کوانتومی را با نسبیت پیوند بدهیم باید بتوانیم این سد غیر قابل عبور را بشکافیم کاری که اینیشتین در طول سی سال عمر خود نتوانست از آن عبور کند.زمان پلانک مرز و حد نهایی شناخت ما از جهان است لذا برای شناخت واقعیات باید دیوار پلانک را کناری بگذاریم.در فراتر از دیوار پلانگ جفت واقعیت فضا زمان از هم جدا میشوند وهر یک ماهیتی مجزا از هم دارند .ما واقعیتی را مور تجزیه و تحلیل قرار میدهیم که در

آن علت پیدایش فضا و زمان بوضوح توضیح داده میشود و این موضوع را آشکار میکند که چرا اصلا باید فضا و زمان وجود داشته باشد. واقعیاتی که در پشت دیوار پلانک وجود دارد فراتر از چیزی است که دانشمندان فکر میکنند . در حالی که فیزیکدانان سعی دارند تا نیروی گرانش را با سایر نیروها متحد کنند واقعیاتی آشکار میشود و این سوال را مطرح میکند که چگونه نیروی گرانش یک نیروی خودی محسوب نمیشود و نیرویی بیگانه است و خود را در قالب یک نیروی خودی جا زده است.

تار و پود کیهان:

الگویی که تار و پود کیهان از آن تبعیت میکند بر اساس رفتاریست که تاکیونها و پادتاکیونها آن را ترسیم کرده اند. لذا تار و پود کیهان با توجه به سرعت نامحدود تاکیونها از دید ما قابل شناسایی نیست.بطوریکه از لحظه مهبانگ گسترش جهان خارج از اصولی است که برای ما قابل درک باشد. در حالی که قوانین داخل کیهان در حوزه اصول اینیشتین قابل بررسی هستند اما در عین حال موضوعاتی وجود دارد که معادلات اینیشتین جوابی برای آنها ندارد. بررسی چگونگی پیدایش کیهان و علت گسترش آن در حوزه ای که ذرات تاکیون در آن جاری هستند راه گشای حل بسیاری ازمجهولات است ..میدانهای ماکسیما و مینیما آکنده از ذرات تاکیون و پاد تاکیون در عین حال که در کیهان حضور ندارند اما در یک بهم پیوستگی نا متعارف شرایطی را بوجود آورده اند تا در آن ذراتی با سرعت نور و حتی کمتر از آن بوجود آیند . بنابراین ذرات و اجرام کیهانی به انرژی حاصل از تارو پود کیهان (میدانهای ماکسیما و مینیما) وابسته است . در مطالعه کیهان بررسی تارو پود کیهان قدمی فراتر از ادراک را

میطلبد تا بفهمیم جهان ما چگونه از نقطه ای کوانتومی تا به این حد بینهایت گسترش یافته است . قوانین اینیشتین موجودیت خود را از تار و پود کیهان که میادینی ماورایی هستند کسب کرده اند .هر اندر کنشی در جهان و هر خاصیت فیزیکی سر منشا ماورایی دارد. میدان های ماکسیما و مینیما دست در دست هم گذاشته و کیهان را بگونه ای که میبینیم ساخته اند.قوانین اینیشتین در سایه وجود میدانهای ماکسیما و مینیما شکل گرفته اند . ایندو میدان تار و پودی را ساخته اند که ذرات و اجرام آسمانی بتوانند مانند گلهای قالی بر روی آن نقش ببندند .بررسی دانشمندان در مورد تار و پود کیهان صفر است زیرا آنها مرزهای کیهان را بکمک تلسکوپهای خود جستجومیکنند ، بنابراین آنها هیچگاه نخواهند توانست به کمک نور به افقهای فراکیهانی که گسترشی فرانوری دارد دست یابند.اصول فیزیکی میدان های فرا نوری ماکسیما و مینیما ، منجر به پیدایش اصول فیزیکی در محدوده نور اعم از نسبیت عام و خاص اینیشتین و مکانیک کوانتوم و... میشود . در این کتاب به قوانینی اشاره میشود که توسط میدان های ماکسیما و مینیما بوجود آمده و رابطه جهان تاکیونی بعنوان سازنده (علت) و جهان تاردیونی (معلول) بطور واضح شرح داده خواهد شد.

۵۰

انفجاربزرگ

خلقت کیهان یکی از پیچیده ترین معماهای انسان در رسیدن به حقیقت جهان هستی است. بخصوص اینکه موجودات محدودی چون ما به امواجی چشم دوخته ایم که از گذشته ها بما میرسد . موجوداتی محبوس که به دنبال روزنه ای هستند تا از آنجا راهی بسوی حقیقت بیابند. حال آنها به نقطه ای بسیار ریز، ریزتر از هر آنچه که فکر میکنید چشم دوخته اند که در نزدیک به ۱۴/۷میلیارد سال قبل با روشنی خیره کننده ای منفجر گردید و در عین حال با سرعتی بسیار زیادتر از سرعت نور متورم شده ودر طول زمان ، جهانی را که شاهد آن هستیم بوجود آورد.مطالعه لحظات اولیه کیهان وقتی از درون آن را مورد مطالعه قرار میدهیم بسیار مبهم و راز آلود است. با مطالعه رخدادهای کیهانی وتجزیه و تحلیل نحوه عملکرد آنها ، این امکان میسر میشود تا سر نخهایی از جهان آلفا که ابعاد بالای کیهانی در آن مستقرند بیابیم.اگر بتوانیم بفهمیم که تاکیونها چگونه وارد جهان ما میشود و چه کاری برای ساخته شدن کیهان میتوانند آنجام دهند بی تردید خواهیم توانست طرف دیگردیوار پلانک را متصور شویم .کار اصلی آن است که به نظریه مهبانگ موشکافانه نگریسته

و با اضافه کردن فاکتوری بنام ذرات تاکیونی در شکلگیری کیهان ، چگونگی ساخته شدن جهان را نظاره گر باشیم.نظریه مهبانگ یک نتیجه عالی از روند تشکیل جهان ترسیم میکند و به ما میگوید که کیهان از کجا به کجا رسیده است . اما همه معلومات فقط تا محدوده دیوار پلانک است و این محدودیت باید برداشته شود و بتوانیم از آن عبور کنیم. فضا زمان تقریبا همه چیز کیهان است ، اگر هر یک از ابعاد جهان یعنی فضا وزمان را خطی در نظر بگیریم ازدوران پلانک این خطوط حالت افزایشی داشته اند وهمیشه دراز و دراز تر شده اند. یعنی هم فضا گسترش یافته و هم زمان در حال افزایش است .حال اگر این روند را برعکس کنیم یعنی آندو را به عقب برگردانیم تا به نقطه پلانک برسیم در نهایت به حالتی میرسیم که در آن فضا و زمان در این نقطه مشترکند وآن نقطه انفجار بزرگ است . کار ما هنوز تمام نشده است برای درک اینکه فضا و زمان قبل از انفجار بزرگ به چه صورتی بوده است از نقطه پلانک رسم خطوط فضا و زمان رابه خارج از نقطه مهبانگ ادامه میدهیم جاییکه این خطوط دیگر به کیهان تعلق ندارند بلکه به یک ابر جهان منتهی میشوند که جهان آلفا نامیده میشود. در جهان آلفا این خطوط معانی دیگری دارند و فضا و زمان نامیده

۵۲

نمیشوند زیرا دیگر از هم گسسته شده اند .در امتداد فضا و زمان و رد شدن از دیوار پلانک حقیقت کیهان بر ما آشکار میشود . ابعادی که در این جهان فضا زمان نامیده میشود و بر هم منطبق بوده و نظمی استوار را برای پردازش جهانی عظیم بنام کیهان فراهم آورده اند و در هماهنگی کامل با یکدیگر هستند در جهان آلفا از هم گسیخته اند و بعد محسوب نمیشوند بلکه میدان های انرژی هستند که ذرات تاکیون و پاد تاکیون در آنها در جریان است . منبع خالص انرژی که کیهان از آن برای ساخت خود استفاده میکند.

نظریه برخورد (قبل از ۲۳- ^۱۰ ثانیه، عصر پلانک)

خوشبختانه برای یافتن حقیقت کیهان ، نتیجه کار دو میدان انرژی را در کیهان شاهد هستیم و آن انفجار بزرگی است که منجر به پیدایش کیهان شده است . از طرفی امتداد ابعاد کیهانی (فضا و زمان) نقطه تلاقی این دو بعد را در نقطه مهبانگ نشان میدهد . حقیقت مهبانگ شاید برای شما نیز روشن شده باشد که انفجار بزرگ حاصل برخورد دو میدان انرژی فرا کیهانی بنامهای ماکسیما و مینیما بوده است.میدان ماکسیما میدانی است که بعد فضا را در کیهان رهبری میکند و مسئول تامین انرژی کیهانی و بسط و گسترش آن میباشد . میدان مینیما میدانی اسرار آمیز که بعد زمان را رهبری

میکند و مسئول هماهنگی و انسجام اجرام آسمانی و نیروی گرانش حاصل عملکرد این میدان است. شواهد نشان میدهد که این دو میدان در نزدیک ۱۴/۷ میلیارد سال پیش در برخوردی عظیم انفجاری بزرگ را فراهم آورده اند . که من بجای انفجار بزرگ ترجیح میدهم از کلمه تلاقی بزرگ استفاده نمایم . زیرا این برخورد موجب شده است تا دو میدان در نقطه مهبانگ به پیوند ناگسستنی برسند که این همجوشی تا حال حاضرهمچنان بقوت خود باقیست.

جهان آلفا جهان همه ابعاد است و ممکن است میدانهای بیشماری در آن وجود داشته باشد که منجر به پیدایش جهان های دیگری همچون کیهان گردد.اما موضوعی که بسیار اهمیت دارد چگونگی برخورد میدانهای ماکسیما و مینیما و تشکیل پیوند کیهانی است که این دو میدان را متصل بهم نگه میدارد. میدانها وظیفه مهمی دارند ، آنها باید کودکشان را تغذیه و رشد دهند. برای اینکه بفهمیم جهان جنینی چگونه شکل گرفته است دو خط عمود بر هم را مجسم کنید که بصورت بعلاوه از روی هم گذشته اند که محل تلاقی آنها نقطه انفجاربزرگ است. اگر این رخداد را در یک طرح انیمیشنی نشان میدادیم موضوع برخورد را بهتر درک میکردید. فرض کنید دو خط راست به صورت عمود بر هم واز

نوک بهم برخورد کرده و در نقطه برخورد بهم جوش خورده و نقطه مهبانگ را بسازند ، سپس راه خود را بطور مستقیم ادامه داده و یک علامت بعلاوه درست کنند.یعنی میدانهای ماکسیما و مینیما با عبور از نقطه مهبانگ، بصورت یک خط راست مسیر خود را در جهان آلفا ادامه دهند.

با توجه به اینکه ما در بعد پایینی از انرژی قرار داریم از کیفیت ابعاد پر انرژی فرا کیهانی نمیتوانیم تصور درستی داشته باشیم.اما میتوانیم از نتایجی که در کیهان شاهد آن هستیم و عملکردی که آنها نسبت به کیهان دارند آگاه شویم . بطور مثال ابعاد ماکسیما و مینیما ،در ذهن ما جا نمیگیرد و ما آن میدانهای عظیم را بصورت خطوط عمود بر هم تصور میکنیم تا بتوانیم یک ذهنیت نزدیک به واقعیت از آنها داشته باشیم .

رخداد انفجار بزرگ و برخورد دو میدان بزرگ انرژی، شاید یکی از وقایع وحشتناک در جهان آلفا باشد ، واقعه ای که در آن ذرات تاکیون و پاد تاکیون با سرعتی بینهایت در منطقه مهبانگ بهم برخورد کرده وانرژی پلانک (۱۹^۱۰ میلیارد الکترون ولت) را در آن ایجاد کنند. حاصل برخورد ،ایجاد خلاء کاذب ما بین آنهاست. اندازۀ این حباب برابر «طول پلانک» یعنی ۲۳- ^۱۰ سانتیمتر، بوده است. برخورد ذرات

تاکیون و پاد تاکیون در این نقطه مشترک و تبدیل آنها به انرژی عاملی بوده است تا خلا کاذب حاصله ، مملو از انرژی شده وتکینگی عظیمی در این میدان سوم که بعدها کیهان نامیده میشود بوجود آید. تکینگی به این خاطر که انرژی حاصل از ذرات و پاد ذرات جایی نداشته اند تا به آن سرازیر شوند یعنی هنوز فضا زمانی وجود نداشت. کسانی که تصور میکنند تمام جرم جهان از اول در یکجا جمع بوده و تکینگی را بوجود آورده در اشتباهند . در این نقطه فشرده و گداخته ذرات تاکیون و پادتاکیون با هم درآمیخته و پس از برخورد بهم به انرژی تبدیل می شدند . عدم توانایی خروج انرژی حاصل از برخورد عامل اصلی تکینگی میباشد.حبس انرژی در میدان مشترک برای میدان های ماکسیما و مینیما که در آنها جریان آزاد ذرات وجود دارد به هیچ وجه واقعه خوشایندی نبوده است . زیرا ادامه این روند و ادامه برخورد میتواند به نابودی آنها منجر شود.

شکست تقارن (۲۴- ۱۰^۸ ثانیه ، عصر گات)

میدانهای ماکسیما و مینیما در منطقه مشترک (تکینگی) باید کاری بکنند تا از ادامه برخورد ذرات مخالف هم در این نقطه جلو گیری شود . در لحظه مهبانگ نقطه تکینگی به دو قسمت میشود تا تاکیونها و پاد تاکیونها بهم برخورد نکنند . در کسر بسیار کوچکی از ثانیه میدانهای ماکسیما و مینیما در حالیکه همچنان پیوند خود را حفظ کرده اند در نقطه میدان کیهانی یعنی نقطه مهبانگ ، ذرات پادتاکیون با تغییر وضعیت خود منطقه ای را حادث میکنند که بعدها فضا زمان منفی نامیده میشود . این عمل مقارن است با انبساط کیهان و ایجاد فضا زمان مثبت و ساخته شدن جهانی که کیهان نامیده میشود . ساخته شدن فضا زمان منفی و جدا شدن پادتاکیونها از جهان عاملی است که باعث میشود تا ذرات تاکیونی با ایجاد فضا   آزادانه و بدون هیچ برخوردی وارد منطقه ای بشوند که بعدها کیهان نامیده میشود و انرژی خود را در آن تخلیه کرده و براحتی با سرعت بینهایت از آن خارج شوند.این کار برای پادتاکیونها نیز رخ داده است یعنی این پاد ذره ها نیز در فضا زمان منفی انرژی خود را بی هیچ

برخوردی با ذرات مخالف خود ، تخلیه و بسرعت از پاد کیهان خارج شوند. تخلیه انرژی موجب انبساط فضا زمان منفی میشود و به همان صورت تخلیه انرژی در فضا زمان مثبت یعنی کیهان باعث انبساط فضا زمان میشود. سکه ای را فرض کنید که دریکطرف آن تاکیونها در جهت عقربه های ساعت در حرکتند وپاد تاکیونها در پشت سکه اسپینی مخالف عقربه های ساعت برگزیده اند .اگر روی سکه را فضا زمان مثبت بدانیم در اینصورت پشت سکه فضا زمان منفی خواهد بود. با اینحال آنها متعلق به یک سکه هستند و دو روی یک سکه میباشند.بعبارت دیگر گرچه آنها جدای از هم هستند اما در یک میدان بزرگتر با هم مشترکند.

با بررسی بیشتر موضوع به این نتیجه میرسیم که کیهان باید دوقلویی داشته باشد که از بدو تولد با آن بوده است و پا به پای آن بزرگ شده است. زیرا همانطور که فضا زمان مثبت جهان ما را ساخته است فضا زمان منفی نیز باعث بوجود آمدن جهان موازی آن شده است.واقع شدن فضا زمان منفی و مثبت در یک میدان بزرگتر بنام سیستم کیهانی ، تقارن جهان را رقم میزند. سیستم کیهانی که شامل دوجهان موازی مشود بصورت مداوم و پیوسته توسط میدانهای ماورایی تغذیه میشود.

مسئله مهمی که در این بین حائز اهمیت است از هم پاشیدن تئوری جمع بودن تمام نیروهای بنیادین در لحظه مهبانگ است.حال که فهمیدیم کیهان دو طرفه است و تاکیونها و پاد تاکیونها دنیاهای متفاوتی تشکیل داده اند و با این حال در یک میدان مشترک بسر میبرند وضعیت نیروها به گونه ای دیگر رقم میخورد یعنی آنها از اول اصلا نبوده اند که در یکجا جمع باشند. چنانچه خواهیم دید کنش و واکنش دو جهان موازی نسبت به هم نیروهای چهارگانه را شکل داده است .تلسکوپهای ساخته دست بشرقادر نیستند میدانهای ماکسیما و مینیما را که در بیرون ازسیستم کیهانی امتداد دارند ببیند.این میدانها در محل کیهان با هم تلاقی یافته اند و آن را محل جولان خود کرده و جهانی با سرعتهایی پایین تر ساخته اند.

پادماده ها از بین نرفته اند

پدید آمدن دو جهان متقارن مستلزم آن است تا نیروهای متقارنی بین آنها شکل بگیرد . یعنی چون کیهان و پادکیهان در یک میدان مشترک بسر میبرند نیروهای موجود در آنها نیز باید قرینه هم باشند تا سیستم کیهانی بتواند به تعادل برسد.اگر لحظه اول کیهان را در نظر داشته باشیم متوجه امر خاصی در این ثانیه اول که تمام اتفاقات مهم در این لحظه

رخ داده میشویم.همانطور که میدانید در آغاز خلقت جهان ، نیروی گرانش اولین نیرویی بوده که از سایر نیروها جدا شده است. گسستن نیروی گرانش از سایر نیروها زمانی رخ میدهد یا بهتر بگوییم نیروی گرانش زمانی پا به عرصه وجود میگذارد که پاد ذرات به فضا زمان منفی منتقل میشوند . این رابطه عجیب این موضوع را بخوبی آشکار میکند که گرانش نیروی کیهان نیست و نیرویی است که از پاد کیهان برکیهان وارد میشود گرانش نیرویی ضعیف و در عین حال منفی است زیرا از جهان موازی وارد کیهان میشود.

دیراک فیزیکدان معروف درسال ۱۹۲۸ چنین استنباط کرد که همه مواد می‌توانند در دو حالت وجود داشته باشند. وی در آغاز، نظریه خود را در مورد الکترون بیان کرد و اظهار داشت که باید ذراتی به نام ضد الکترون هم وجود داشته باشد. این گفته تحقق یافت و فیزیکدان آمریکایی کارل اندرسون در ۱۹۳۲ ضد الکترون و یا همان پوزیترون را کشف کرد. پس از اکتشاف دیراک و اندرسون ، سرانجام در اکتبر ۱۹۵۵ اییلوگسلر ، فیزیکدان اهل ایتالیا توانست در شتاب دهنده بیوترون در آزمایشگاهی در کالیفورنیا پاد پروتون و یک سال بعد در ۱۹۵۶ پاد نوترون را آشکار کند. اما دانشمندان پا را فراتر گذاشته و در پی ساخت پاد اتم و پاد

مولکول برآمدند. سوالات در باره خواص پادذرات و ورفتار آنها در برخورد با ماده، ره یافتهای جدیدی را برای دانشمندان به بار آورد. پاد ماده در واقع تصویری از ماده در آینه است. این بدان معناست که پاذرات ، باید باری مخالف و هم اندازه و جرمی قرینه جرم تصویری خود در دنیای ماده داشته باشند. ویژگی دیگر پاد ذرات ، نابودی در صورت برخورد و تماس با ماده است. در این انهدام مشترک هر دو نابود می‌شوند، و به مقدار قابل توجهی انرژی که بیشتر به صورت پرتوهای گاما ظاهر می‌شود، در می‌آیند. البته اگر این انرژی به اندازه کافی زیاد باشد، می‌تواند به جفت ماده و پاد ماده دیگری نیز تبدیل شود که این عمل تصویر خوبی از تبدیل ماده و انرژی به یکدیگر است .

حال کاملا مشخص شده است که چرا ما فقط ماده را میبینیم وخبری از ضد ماده نیست، زیرا آنها به دنیای موازی ما مهاجرت کرده اند. با تکیه بر کیهانشناسی نوین فهمیده ایم که کیهان تنها یک نقطه متورم شده عظیم نیست ، بلکه کیهان و پادکیهان در یک کلونی بهم پیچیده ای بافته شده اند که میدانهای ماورایی ماکسیما و مینیما همیشه در کنار آنها بوده و آنها را تغذیه و پرورش میدهند.

در اولین ثانیه کیهان حوادث آنقدر سریع رخ داده که وقتی از داخل به وقایع نگریسته شود همه چیز در حکم تردستی نمایان میشود . مجهولات پشت سر هم مطرح و جوابی بغیر از یک نقطه متورم شده عاید انسان نمیکنند.این سوال همیشه برای دانشمندان مطرح بوده که چگونه به یکباره تکینگی از هم میپاشد و پاده ماده به یکباره از هستی ساقط میشود و نیرویی عظیم بنام نیروی گرانش از دل تکینگی بیرون زده و جهان را متمایز میکند.

حال در سایه کیهانشناسی نوین میدانیم که پادماده در اوایل کیهان از بین نرفته بلکه به فضا زمانی دیگر منتقل شده و پاد کیهان را ساخته که جهانی چسبیده به کیهان و قرینه آن میباشد.

کلونی کیهانی

با اطلاعاتی که از وضعیت ابتدایی کیهان بدست آورده ایم
حال میتوانیم از چگونگی کارکرد کیهان و نیروهای بنیادین
ساخته شده آن تصویر بهتری بسازیم. کیهان را نمیتوان یک
نقطه متورم شده دانست که بدون حساب و کتاب از هیچ ،
انرژی کسب کرده ومتورم شود.با توجه به قانون علت و
معلولی هر چیزی علتی دارد و کیهان نیز در این میان از این
قائده مستثنی نیست .میدان های ماکسیما و مینیما پیوندی
را ایجاد کرده اند که با ایجاد میدان حد واسط بنام کیهان ،
این امر محقق شده است.صفحه کیهانی را مانند کاغذی در
نظر بگیرید که روی آن فضا زمان مثبت یعنی کیهان ما در
آن قرار دارد ودر قسمت زیرین آن فضا زمان منفی قرار
گرفته که شامل پادکیهان میشود . کیهان و پادکیهان باید در
کنار هم باشند زیرا آنها نتیجه تلاقی میدانهای ماکسیما و
مینیما هستند و جدایی آنها از هم یعنی نابودی دو جهان
موازی. کلونی کیهانی دارای فاکتورهایی هست که از دید ما
پنهان مانده ، یعنی میدانهای ماکسیما و مینیما بدلیل قوانین
مافوق کیهانی کاملا متفاوت و متمایزاز فیزیک کیهانی

۶۳

هستند.بنابراین در محاسبه های اختر فیزیکی ردپایی از
وجود آنها دیده نشده به همین دلیل به حسابشان نمی
آوریم.طرفنظر کردن از وجود منابع انرژی برای گسترش
کیهان و تکامل آن ، قانون علیت را بر هم میریزد . درست
نیست که فکرکنیم خلاء تقریبا بدون هیچ علتی و بخودی
خود ازعدم بیرون بجهد. مدل جدید کیهان شناسی مبتنی بر
وجود جهان آلفا این مشکل را برطرف میکند و علتی قابل
قبول برای تشکیل کیهان و منبع انرژی تولید شده در آن
ارائه میکند.

برداشت سوم از نیروی گرانش

گرانش از جمله مجهولاتی است که ذهن بشر به تدریج با اثرات چگونگی تاثیرش برپدیده ها آشنا میشود. ایزاک نیوتن اولین متفکری بود که به وجود نیرویی به نام جاذبه پی برد و پرسشهایی را در مورد سقوط اجسام طرح نمود از جمله اینکه سیب چرا به پایین و نه به بالا سقوط میکند ؟ و چرا ماه بر زمین نمی افتد؟اندیشه های نیوتن بتدریج گسترش یافت

در اوایل قرن بیستم نظریه های بزرگی همچون نظریه ی نسبیت و مکانیک کوانتومی پایه گذاری شد و هر کدام به تنهایی موفقیت های بزرگی را برای علم فیزیک و اختر فیزیک به همراه داشت .اما وقتی این دو نظریه در کنار هم قرار میگیرند سر ناسازگاری با هم دارند.نسبیت عام اینیشتین چیزهای زیادی را در خصوص عملکرد گرانش در ابعاد بزرگ مقیاس به ما آموخته است اما با اینحال این نظریه نمیتواند میدان های گرانشی را درحالتهای کوانتومی توصیف کند.بنابراین لازم است این نظریه در قالب مکانیک کوانتومی تکمیل گردد. مشکل در سطح میکروسکوپی هم وجود دارد. یعنی یک تئوری گرانش کوانتومی باید به ما بگوید که چگونه

یک ذره ی کوانتومی تحت تاثیر گرانش قرار می گیرد .مسئله اساسی دیگری که در مود گرانش کوانتومی وجود دارد اینست که در لحظات اولیه کیهان چه رخ داده که جهان ریز چنین بزرگ شده است. برای اینکه بتوانیم بدرستی از عملکرد گرانش در همه ی سطوح ، آگاه و به یک مدل استاندارد برسیم باید به دو سوال اساسی در مورد گرانش پاسخ دهیم . اول اینکه بدانیم ماهیت این نیرو چیست و چرا بوجود آمده است؟ در ثانی باید بفهمیم علت اینکه این نیرو با سایر نیرو ها سازگار نمیشود چه میتواند باشد؟ از ویژگیهای نیروی گرانش اینست که این نیرو همیشه جاذبه است و در همه ی ذرات جرمدار وجود دارد .این نیرو به اجرام آسمانی نظم خاصی بخشیده است و باعث شده تا اجرام آسمانی تحت تاثیر انحنای فضا زمان بدور اجرام سنگینتر بچرخند و بدین طریق کهکشانها و خوشه ها شکل بگیرند. هر قدر به طرف مرکز کهکشانها میرویم گرانش و در نتیجه خمش فضا زمان بیشتر میشود..

مدل جدید کیهانشناسی برداشت دیگری از نیروی گرانش و نحوه ی عملکرد آن دارد .این مدل گرانش را نیروی ذاتی کیهان نمیداند بلکه گرانش نیرویی تحمیلیست که برکیهان اعمال شده و ساختار کنونی آن را بوجود آورده است .

همانطوریکه میدانیم براساس نظریه ی تورمی ، آغازکیهان از یک نقطه ی تورمی بوده که نیروهای چهارگانه ی طبیعت در این نقطه جمع ودر این نقطه ی کوانتومی فشرده شده بودند که در اصطلاح فیزیک تکینگی نامیده میشود که این موضوع در نظریه جدید مطرح در این کتاب رد میشود وبرای تکینگی علتی دیگر ارائه میگردد .زیرااگر نیروی گرانش را سوای از سایر نیرو ها بدانیم در این صورت تمام معادلات در جهت یکسان سازی نیروهای جهان در فرمولی واحد ، نقش بر آب شده و تکینگی معنی و مفهوم خود را از دست میدهد. مدل جدید کیهان شناسی سعی دارد تا نحوه ی نگرش آنسان به چگونگی خلقت کیهان را تغییر دهد که اولین گام پی بردن به راز گرانش است . از عصر اینیشتین تاکنون برای کامل کردن پازل کیهانی ، ابعاد کیهانی بسیاری را که فقط در فرمولهای ریاضی واقعیت دارند به فرضیه ی کیهان شناختی خود اضافه کرده ایم . اما آنها سیمای واقعی از جهان هستی را نشان نمی دهند ، بلکه در حد رویاهایی هستند که میتوانند در افکار ما وجود داشته باشند. برای شناخت کیهان احتیاج به مدلی هست که افت وخیزهای کوانتومی را در درون یک سیستم توضیح دهد . بی شک تورم فضا زمان علتی در ماورای حس و گمان های ما دارد. برای تداوم تورم

که تا به امروز به طول کشیده و بعد ازاین نیز ادامه خواهد داشت انرژی پایسته ای لازم است که باید از منبعی لایزال تامین شود.مدل جدید کیهانشناسی حد و مرز ها را برای یافتن حقیقیت و راز کیهانی در هم میشکافد و سر منشا نیروها را آشکار میکند و جلوه ای ویژه به ساختار کیهان میبخشد.

گرانش نیرویی بیگانه

سه چیز کافیست تا متوجه شویم گرانش نیروی وابسته به کیهان نیست . اول آنکه این نیرو منفی می باشد. در ثانی در حالیکه جهان هستی در حال گسترش است این نیرو سعی دارد آن را منقبض کند و ثالثا آنکه گرانش نیرویی ضعیف است بطوریکه گویا در جایی غیر از کیهان قرار دارد و از دور دستها فضا زمان را تحت تاثیر خود قرار میدهد.

علت اینکه هیچ فرمول ریاضی و فیزیک قادر نیست تا نیروی گرانش را با سایر نیروها متحد سازد اینست که این نیرو منشا خارجی دارد اما شرایط بگونه ای گره خورده است تا این نیرو بعنوان یک نیروی کیهانی فرض شود نیروی گرانش اثرات فضا زمان منفی است که از جهان موازی کیهان یعنی پادکیهان نشات میگیرد.سوال مهمی که در این میان مطرح میشود اینست که آیا فضا زمان منفی و مثبت بر روی هم منطبق هستند ؟ و اگر هستند چه عاملی باعث میشود تا این دو دنیای ضد هم ، همدیگر را نابود نکنند؟

عامل مهم در عدم انهدام کیهان و پادکیهان در طرز رفتار آنها نسبت بهم نهفته است و صد البته به رفتار تاکیونها و پاد

تاکیونها نیز بستگی دارد زیرا باید دید که آنها در ساخت جهانهای ضد هم چه آرایشی را برگزیده اند که ذرات امکان برخورد باهم را پیدا نمیکنند؟

صفحه کاغذی را در نظر بگیرید که روی آن براده های آن پاشیده شده است . حال اگر آهنربایی از زیر کاغذ به براده های آهن نزدیک کنیم آنها به طرف آهنربا کشیده میشوند . آگر مقدار براده ها زیاد باشد بر اثر سنگینی میتوانند این صفحه را خم کنند و این همان چیزیست که در کیهان شاهد آن هستیم .براده های روی کاغذ اثری از آهنربا نمی بینند زیرا صفحه مانع رویت آن میشود با این حال ، نیروی آن را بر خود احساس میکنند و چون آهنرابا دیده نمیشود موجودات روی صفحه این نیرو را مربوط به خاصیت ذاتی روی صفحه میدانند. بر خلاف آنچه تصور میشود پاد ماده در لحظات اولیه کیهان از بین نرفته و به طرز شگفت آوری غیب شده است. ضد ماده به زیر صفحه کیهانی و به فضا زمان منفی رفته و پاد کیهان را ساخته است . بنابراین میتوان فهمید صفحه کیهانی چیزی نیست که ما آن را ببینیم بلکه حائلیست بین کیهان و پاد کیهان ، تا از برخورد آنها به یکدیگر جلوگیری کند.بنظر میرسد ماده و پادماده موجود در دوجهان موازی ، تمایل ذاتی در رسیدن بهم دارند وجسم جرمدار در یک فضا

زمان ،تمایل به کشیده شدن به جهان مقابل دارد لذا این تاثیر را با خم کردن فضا زمان اطراف خود نشان میدهد. مانند آهنربایی که که از پشت کاغذ بر براده های آهن اثر گذاشته و در صورت سنگین بودن صفحه کاغذ را خم میکند .آهنربا هیچگاه نمیتواند از پشت کاغذ عبور کرده و به بالای کاغذ بیاید زیرا کاغذ هیچ تعاملی با آهنربا ندارد.در جهان واقعی حرکت تاکیونها و پادتاکیونها نقش کاغذ را بر عهده دارند.میدان های مخالف هم ، برفرازکیهان ، بر خلاف جهت هم حرکت میکنند و این امر باعث ساخته شدن فضا زمانهای مخالف هم میشود..پرده ای که ما بین ماده و پاد ماده توسط ذرات فراکیهانی وجود دارد مانع از آن میشود تا آنها بهم برخورد کنند . علت گرانش نیز به همین علت است یعنی در حالیکه ذرات مخالف در دو سوی مرزها قرار دارند ، ولع رسیدن ماده و ضدماده در بهم رسیدن و تبدیل شدن به انرژی ، نیرویی بوجود میاورد که ما آن را در قالب گرانش شاهد هستیم.

ماده تاریک

نزدیک به یک قرن پیش فیزیکدان سوئیسی بنام فریتز زوئیکی با تخمین زدن جرم تعدادی از کهکشانها به این نتیجه رسید که جرم آنها ۴۰۰ برابرمقدار روشنایی است که این اجرام دارند. از طرفی با سرعتی که اجرام موجود در کیهان از قبیل سیارات و ستارگان و کهکشانها دارند در اثر چرخش ، این اجرام باید پرت میشدند و نیرویی که دانشمندان برای جاذبه بین اجرام مطرح کرده اند بسیار کمتر از میزانی است که بتواند مانع از این عمل بشود وجاذبه ای پنج شش برابر بیشتر از آن مورد نیاز است. در طول زمان فرضیات زیادی در باره جرم اضافی کهکشان ها مطرح شد،ماده ای که دیده نمیشود اما وجود دارد. کل اجرام قابل رویت جهان در حدود ۴درصد و جرم ماده تاریک ۲۳درصد می باشد. حس بینایی ما زمانی میتواند چیزی را ببیند که امواج الکترومغناطیسی در محدوده طول موج مرئی به جسمی برخورد کند و بازتاب آن امواج اعصاب بینایی ما را تحریک نموده تا بتوانیم آن را ببینیم.اما در مورد ماده تاریک چنین اتفاقی رخ نمیدهد. برای پیدا کردن واقعیت ماده

تاریک به تاثیراتی اشاره میکنیم که کیهان و پادکیهان نسبت بهم دارند. این دو جهان در میدانی وسیعتر در یکجا محصور هستند و چیزی که آنها را جدای از هم نگه داشته ،لایه ظریف تاکیونی مابین این دو دنیاست که عملا مانع از عبورهر موجی بخصوص امواج الکترومغناطیسی از دنیاهای موازی نسبت بهم میشود.

نیروی گرانش را دو چیز بوجود می آورد یکی مربوط به اسپین عکس دو فضا زمان مخالف هم است.. چرخش خلاف هم دو جهان موازی طوری تنظیم شده است که مانع از برخورد آنها بهمدیگرشود . تاثیرات متقابل دو جهان متقارن نسبت به هم را باید بگونه ای مجسم کرد که گویا اثر گذاری از راه دور است.پرده ای از جنس تاکیون و پادتاکیون دو جهان را از هم جدا کرده ، اما هر کدام از دنیاها برای خود اجرامی مانند سیارات ، ستارگان و کهکشانها دارند که در حال گردش هستند . این اجرام نمیتوانند از این پرده عبور کرده و به دنیای مخالف بروند.

کیهان و پاد کیهان جهان های موازی هستند که با هم زاده شده اند ودر کنار هم رشد کرده و رفتار همدیگر را کنترل میکنند.ما در مورد جهانهای موازی زیاد شنیده ایم اما هیچگاه نمی دانسته ایم که منشا پیدایش آنها چگونه است و

به چه وسیله ای میتوانند بر هم اثر بگذارند.تار و پود آنها به شکلی در هم تنیده شده است که نیروی گرانش بعنوان نیروی خودی انگاشته میشود . یعنی کشش ذاتی ماده و پادماده نسبت به یکدیگر در دو طرف پرده تاکیونی موجب ایجاد گرانش در طرف مقابل کرده است. اما کار مهمی که این پرده بر عهده دارد انتقال اطلاعات از جهانی به جهان دیگر است . بعبارت دیگر این پرده تاثیرات دو جهان برهم را که میتواند نابود کننده باشد را تعدیل و آن را در قالب نیروی گرانش به طرف مقابل نشان میدهد. ساکنان کیهان نمی توانند کهکشانهایی که از پاد ماده ساخته شده اند را ببینند. هر قدر تلسکوپها را دقیقتر بسوی ماده تاریک نشانه برویم ، چیزی از آن اجرام مشاهده نحواهیم کرد زیرا آنها پشت پرده هستند. پرده تاکیونی مانع از عبور امواج الکترو مغناطیس به جهان ما میشود. بنابراین جستجوی بشر برای رویت ماده تاریک کاری عبث و بیهوده بنظر میرسد .ما نخواهیم توانست ذره ای را کشف کنیم و بگوییم مثلا این ذره ی ویمپ سازنده ماده تاریک است. جهان بقدری بزرگ است که ما فقط شامل نیمی از آن هستیم و نیمه دیگر از جنس ما نیست. کهکشانی در پادکیهان میتواند تاثیرش را بر کهشانی در کیهان در قالب ماده تاریک وگرانش بگذارد و آن را چندین برابرپرجرم تر

نشان دهد .کهکشانهای موجود در پاد کیهان گرچه در کیهان دیده نمیشوند اما اثر گرانشی آن از پرده تاکیونی حائل بین آنها میتواند عبور کرده و اثر خود را بصورت ماده تاریک در جهان ما نشان دهد. بطوریکه دو جهان میتوانند رفتار همدیگر را بخوانند و نسبت به هم موضعگیری کنند. دو جهان مخالف هم بدلیل آنکه در یک میدان بزرگتر (سیستم کیهانی) قرار دارند و مجبور شده اند در یک میدان بزرگترکنار هم باشند باید رفتارشان بموازات هم اما در خلاف جهت هم باشد. در مورد جهان های موازی صحبت های بسیاری ابراز گردیده است و چون برای کسی قابل اثبات نیست بسیاری از دانشمندان حرف های بسیار اغراق آمیزی در این مورد زده اند بدون آنکه دلیلی برای آن بیاورند. بعنوان مثال هر کس میتواند در بینهایت شکل و رفتار در بینهایت جهان وجود داشته باشد که امر دور از عقلی بنظر میرسد.

برمیگردیم به دو ساعتی که از پشت به هم چسبیده اند یا ساعت دو طرفه ای که هر دو طرفش عقربه دارد.در ساعت رویی حرکت عقربه ساعت را بعنوان انبساط کیهان فرض کنید که حرکت رو به جلو آن ، فضا زمان مثبت را نشان میدهد.اما در ساعت پشتی همه چیز برخلاف آن است وحرکت عقربه ساعت انبساط فضا زمان منفی را تداعی

میکند. این دو ساعت کاملا وابسته به هم هستند یعنی یک موتور دارند و اگر عقربه ثانیه شمار یکی ، قدمی رو به جلو بردارد ثانیه شمار ساعت مخالف به همان اندازه بر عکس آن عمل خواهد کرد.عملکرد تحسین برانگیز دو جهان بمانند رقص دو نفره ای است که دست به دست هم داده و با هماهنگی خاص ،هنری بی نظیر را به نمایش گذاشته اند.هر آنچه را که در قالب یک نظم در این جهان میبینیم ناشی از تاثیر متقابل دو جهان در هماهنگی با هم است.

انبساط کیهان

کیهان از زمانی که نقطه ای بیش نبوده تا اکنون در حال
گسترش است.طرفنظر از اینکه محاسبات چه چیزی را نشان
میدهند علت انبساط کیهان یکی از پیچیده ترین موضوعاتی
است که دانشمندان نزدیک به صد سال با آن سر و کله
میزنند.نیرویی ناشناخته و مرموز با ورود به کیهان نه تنها آن
را منبسط میکند بلکه بطور فزاینده ای اجزای آن را از هم
دور میکند.گرچه نیروی گرانش با آن مقابله میکند و از
سرعت آن میکاهد با اینجال روند رو به افزایش انبساط جهان
همچنان ادامه دارد.در سال ۱۹۹۰ تعدادی از اخترشناسان
هنگام مطالعه بر روی کاهش سرعت ابرنواخترهای دور دست
با موضوع عجیبی روبرو شدند. آنها در یافتند که این اجرام در
حال دور شدن از هم هستند و سرعت انبساط جهان نه تنها
کاهشی نبوده بلکه افزایشی است. نیرویی که برقدرت جاذبه
غلبه کرده و سرعت انبساط جهان را افزایش میدهد.
دانشمندان نام این نیرو را انرژی تاریک گذاشتند و بکاربردن
کلمه تاریک به این جهت که هیچ اثری از آن در هیچ جا
نیافتند.در حالیکه انرژی تاریک ۶۸درصد و ماده تاریک

۲۷درصد جهان را تشکیل میدهد ، ماده معمولی فقط در حدود۵درصد جهان را شامل مشود . بنابراین معلوم میشود که ما در تاریکی ۹۵درصدی از شناخت کیهان بسر میبریم. انرژی تاریک در تمام طول تاریخ کیهان نقش فزاینده ای در توسعه آن داشته است . میدانهای ماکسیما و مینیما پس از برخورد بهم و ایجاد گره مهبانگ انرژی خود را سوار برتاکیونها و پادتاکیونها بسوی این گره روانه کردند.این انرژی چیزی جز انرژی تاریک نیست که فضا زمان را پر میکند.انرژی تاریک نوعی انرژی خام است که ازتار و پود کیهان به فضا زمان تزریق میشود. تاروپود کیهان بصورت قطاری از ذرات تاکیون است که سرتاسرآن را فرا گرفته است.تاکیونها خصوصیات عجیبی دارند. ذراتی که سرعتی ماورای سرعت نور دارند و وقتی وارد کیهان میشوند با قدرت تمام انرژی خالی میکنند و مانند آنکه بار خالی کرده و سبکتر شده اند با سرعتی بسیار بیشتر از قبل از کیهان خارج میشوند.فیزیکدانان هرگز تاکیونها را نخواهند دید زیرا این ذرات دارای جرم موهومی هستند و تشکیل دهنده تار و پود کیهان میباشند. تارو پود کیهان در تعاملات فیزیکی نقشی ندارد بنابراین از این لحاظ دارای خاصیتی خنثی است و در مرتبه ای بالاتر از فضا زمان قرار گرفته است. انرژی تاریک در

اثر افت و خیزهای کوانتومی و تحت فشار گرفتن توسط نیروی گرانش ابتدا در قالب تشعشعات گاما و سپس به ذرات هیگز و هر چیز دیگری تبدیل میشود . نیروی گرانش میتواند تا اندازه ای از شتاب انبساط کیهان بکاهد و انرژی تاریک را به نوعی به انرژی قابل استفاده در کیهان تبدیل کند . این عمل ممکن است میلیونها و یا حتی میلیاردها سال بطول بینجامد اما در نهایت این انرژی میتواند تبدیل به ذراتی شود که در ساخت اجرام کیهان نقش دارند.کیهان را میتوان به کارخانه ای تشبیه کرد که انرژی خام و تاریک را از تارو پود کیهان میگیرد و طی عملیاتی و با کمک نیروی گرانش آنرا به اجناسی قابل استفاده تبدیل میکند. توضیح انرژی تاریک بر اساس نظریه انرژی خلاء که طرفداران بسیاری دارد دارای ایرادات بسیاریست و میتواند مکانیک کوانتومی و نظریه نسبیت را به جان هم بیندازد.بر اساس مکانیک کوانتوم انرژی خلاء دارای انرژی بسیار زیاد در ذات خود است از طرفی بر اساس نظریه نسبیت که میگوید این مقدار انرژی زیاد، باید گرانش بالایی را نیز داشته باشد و در صورت وجود میتواند به انفجار کیهان بینجامد فهم انرژی تاریک را سخت تر میکند. بنابراین انرژی خلاء بدون در نظر گرفتن عامل بوجود آورنده آن میتواند دردسر آفرین باشد. مدل جدید میتواند بنحوی

این دو نظریه را با هم آشتی دهد که آنها بپذیرند که هر قدر انرژی در فضا تولید میشود به همان میزان انرژی منفی جاذبه در جهان موازی تولید شود زیرا پادکیهان هم برای خود انرژیِ تاریک دارد که این امر نوعی موازنه بین دو جهان بوجود می آورد. همانطوریکه قبلا گفته شد نیرویی که در جهان ما جاذبه است در پاد کیهان انرژی تاریک میباشد و با توجه به هم ارزی انرژی در موازنه دو جهان ، به همان میزانی که تاکیونها به جهان ما انرژی تزریق میکنند به همان میزان پادتاکیونها انرژی منفی به پاد کیهان وارد میکنند. این عمل باعث میشود تا دو جهان موازی در راه رشد و انبساط هم گام برداشته و نوعی سیستم خود تنظیمی بین آنها برقرار شود.جهان در کف کوانتومی دارای انقباض و انبساط بسیار ریز است و دو جهان دریک هماهنگی آشکارو منطبق برهم مقدار انرژی وارده بخود را با کمک انرژی منفی طرف مقابل تنظیم میکنند.

مفهوم زمان

درکوره راه رسیدن به واقعیت های کیهان درک ماهیت زمان کمک راه بزرگی برای رسیدن به عملکرد کیهان است. اگر از هر دانشمند یافیزیکدان بپرسیم که ماهیت زمان چیست بی تردید همه اظهار بی اطلاعی خواهند کرد. اگرچه روابط فضا و زمان نسبت به همدیگر توسط اینیشتین شناخته است اما عموما" در بیان چیستی زمان و ماهیت آن مشکلاتی وجود دارد .از لحاظ فلسفی شاید تعاریفی در مور گذر زمان بیان شده اما چنین توصیفات ذهنی نمی تواند مبنای شناخت زمان قرار گیرد . پی بردن به عوامل دست اندرکار در پیدایش زمان احتیاج به دانشی فراتر از زمان دارد . زمان در گذر است و سرعت آن سرعت نور در فضاست . اگر سرعت یک جسم در فضا بالا برود سرعت درگذرزمان کاهش میابد . بنابراین اگر سرعت در فضا به سرعت نور برسد سرعت زمان به صفر میرسد و زمان متوقف میشود . به عبارت دیگر رابطه عکسی بین سرعت در فضا و سرعت گذشت زمان وجود دارد. ما گذر زمان را احساس میکنیم و فضا در بعد زمان در حال بزرگ شدن است.تصورمان همیشه اینست که زمان در یک جهت

یعنی بسوی آینده در حرکت است. در مدل کیهانشناسی جدید با توجه به چرخش صفحه ها بر خلاف جهت هم ، وضعیت به گونه ای دیگر رقم میخورد. اگر بخواهیم به معنای واقعی درک زمان برسم لازم است تا فضا را از زمان بصورت جداگانه مورد بررسی قرار دهیم. اینیشتین ثابت کرد که فضا وزمان بهم پیوسته هستند و روابط اجرام و حرکت آنها نسبت بهم تنها در قالب فضا زمان میتواند مورد بررسی قرار گیرد. بنابراین با تئوری های اینیشتین و حتی سایر دانشمندان عصرحاضر هرگز نخواهیم توانست تا ماهیت دو مقوله فضا و زمان را جدای از هم مورد بررسی قرار دهیم . اما خوشبختانه مدل جدید اختر فیزیک با توجه به شناخت علل بوجود آمدن فضا و زمان درک درستی را از این دو بعد فیزیکی ارائه میدهد که کاملا قابل اثبات است. میدانیم که کیهان با توجه به انرژی وارد شده به آن هر لحظه در حال انبساط است. مدل جدید اثبات کرده است که جهانی دیگر که پادماده را در خود پرورش میدهد نیز در راستای کیهان ولی بر خلاف روند آن نیز در حال انبساط است. با توجه به اینکه این دو جهان متعلق به یک میدان واحد بنام سیستم کیهانی هستند به همین لحاظ هر گونه ورود انرژی به یک جهان عکس العملی را در جهان مخالف بر خواهد انگیخت.

روابط بین کیهان و پاد کیهان باعث میشود تا آنها نسبت بهم پویا و دینامیک باشند. در مدل جدید زمان اثر پاد کیهان بر کیهان است. در حقیقت زمان تصویر آینه ای فضا میباشد و ما اثرات پادکیهان را در قالب گرانش و زمان میبینیم. زمان و گرانش هر دو یک چیز هستند و تاثیری هستند که از جهان دیگر بر ما وارد میشود . در حالیکه کیهان و پاد کیهان برخلاف جهت هم گسترش و انبساط پیدا میکنند حائل تاکیونی از برخورد آنها به یکدیگرجلوگیری میکند و در عین حال باعث میشود تا ما هیچ درکی از پادکیهان نداشته باشیم. با توجه به خاصیت ذاتی میدان ها در تمایل بهم رسیدن ،حائل تاکیونی این تمایل را به طرف مقابل در قالب گرانش و گذر زمان انتقال میدهد بدون آنکه بفهمیم منشا آنها از کجاست. زیرا آنها به جهان ما تعلق ندارند تا بتوانیم علتی برای آنها در جهان خود بیابیم.حائل تاکیونی خاصیتی عجیب دارد و آن اینکه کیهان وجهان موازی آن به گونه ای معجزه آسا بر روی هم منطبق هستند بدون آنکه همدیگر را نابود کنند.کیهان درست شبیه پادکیهان است فقط جهت آنها فرق میکند وقتی به زمان توجه میکنیم در حقیقت داریم به حرکت فضا زمان منفی نگاه میکنیم. انطباق دو جهان موازی باعث کنارهم قرار گرفتن نیروهای مخالف دو جهان ، کنار هم

۸۵

میشود.نیروهای مخالف وموافق در کیهان طوری رفتار میکنند تا برایند کارایی آنها سرعت نور باشد.مثلا وقتی شما در فضا قدمی به جلو برمیدارید در حقیقت درفضای پادکیهان قدمی به عقب برداشته اید لازم به توضیح است فضا در پادکیهان برای ما زمان محسوب میشود. بر طبق قانون اینیشتین اگر سرعت شما افزایش پیدا کند به همان میزان زمان برای شما کندتر میشود یعنی با افزایش سرعت جسم ، به همان میزان از سرعت فضا زمان منفی که برابر سرعت نور است کاسته میشود.زمانیکه شما در اینطرف حائل تاکیونی نشسته اید و حرکتی ندارید پادکیهان با سرعت نور در حال حرکت است و شما آن را در قالب زمان درک میکنید. گرچه درک شما گنگ است و نمیدانید چه چیزی در حال گذر است اما با این حال بدن وذهن شما گذر زمان و گرانش را احساس میکند.

فضا و زمان

در حالیکه نسبیت عام اینیشتین فضا و زمان را در یک چارچوب و در یک قالب ریاضی و بصورت در هم تنیده وبعنوان یک کمیت پیوسته مورد بررسی قرار میدهد ، مدل جدید سعی دارد با جدا کردن فضا زمان از همدیگر به ماهیت آنها پی ببرد. در فیزیک نسبیتی زمان نمی تواند جدای از سه بعد فضا مورد بررسی قرار گیرد. گرانش و زمان با ماهیتی یکسان عوامل نفوذی پادکیهان هستند.بر اساس نسبیت عام شدت میدان گرانشی ، نرخ گذر زمان را کاهش میدهد. گویا پادکیهان زور خود را به دو صورت متفاوت(زمان و گرانش) در کیهان نشان میدهد. بنابراین وقتی گرانش یک میدان کم شود زمان طولانی شده وهنگامی که شدت میدان گرانشی بیشتر شود زمان کوتاهتر میشود .یعنی زمان و گرانش قابل تبدیل به هم هستند. وقتی آب را به ماست اضافه کرده و دوغ درست میکنیم موجودی که در این محلول زندگی میکند همه چیز را دوغ می بیند و مفهوم ماست و آب سوای از هم برای آن موجود بی معنیست . این موجود در این محلول برای خود قوانین فیزیکی نسبیت کشف میکند. اگر آب را

۸۷

برای خود بعنوان فضا و ماست را بعنوان زمان بپندارد ، در این صورت میفهمد با افزایش آب از غلظت دوغ کاسته شده و محلول دوغ حجیم تر میگردد و بالعکس . این موجود در مجهولات فیزیکی این محلول غرق شده و بدنبال راههایی میگردد تا بفهمد چه عواملی بر غلظت محلول اثر میگذارد.وقتی از جایی به محلول آب اضافه شود ، این موجود با شگفتی جدیدی روبرو میشود و مانند ما آن را انرژی تاریک بحساب میآورد. مشکل اصلی این موجود غرق در دوغ ، این است که اولا بغیر از ظرف دوغ جای دیگری را نمی شناسد و در ثانی محلول را غیر قابل تفکیک میداند که ماست وآب قابل تفکیک از هم نیستند چون در اینصورت محلول دوغ معنی خود را از دست میدهد. این مثال نشان دهنده گوشه ای از نگرش ما نسبت به جهان و عوامل دست اندرکار آن یعنی فضا وزمان است. گاهی لازم است فضا و زمان از هم جدا شوند و هنگامی با هم ترکیب شوند که ما شاهد آن باشیم.

پایان جهان

زمانیکه قادر باشیم از لحاظ ذهنی زمان را از فضا جدا کنیم و رفتاری متضاد با اندیشه های اینیشتین در یکپارچه سازی آندو در پیش بگیریم ، بی تردید درهای جدیدی در حل مجهولات کیهان به روی ما گشوده میشود. چنین تصوری دیدگاهی ماورای کیهان به انسان میدهد، و به او گوشزد میکند که کیهان تمام واقعیت نیست و اسرار پوشیده بسیاری در ماورا، سرنوشت گیتی را رقم میزنند. من جهان آلفا را دنیای انرژی ها میدانم ، زیرا زایش انرژی در خلق کائنات ، نیاز به سرچشمه ای دارد و جهان آلفا بعنوان منبع میدانهای انرژی این خصوصیت را در خود دارد. وقتی مدل جدید ثابت میکند که نقطه تکینگی منابع انرژی خارج از خود دارد و میدانهای انرژی کیهان را می سازند ، در اینصورت تصمیم گیرنده نهایی پایان جهان نیز همین میدانها خواهند بود.

سوال بر سر اینکه سیستم کیهانی (شامل کیهان و پادکیهان) چگونه انرژی تاکیونی را در قالب ماده و پاد ماده دور خود جمع کرده و با آن دو دنیای موازی هم ساخته بسیار جدی و قابل تامل است. آیا تزریق انرژی از میدانها به جهان مادی تا

ابد ادامه دار است وآیا این انرژی منبعی لایزال دارد؟ یا نه با قطع شدن ورود ذرات تاکیونی به کیهان و پادکیهان بالاخره انرژی تزریقی به کیهان متوقف می شود و دو جهان موازی از چرخش دور هم بازمانده و در نتیجه بهم برخورد کرده و در انفجاری با شکوه به انرژِی تبدیل می شوند.

بنظر میرسد شکل گیری پدیده هایی مانند کیهان در جهان آلفا رویدادهای موقتی باشند که در اثر اختلال در رفتار میدانها ، آنها را به پیوند با هم مجبور میکند وتزریق انرژی به نقطه مشترک در حقیقت راهی برای ممانعت از نابودی ساختار میدانها بوده و ادامه شارژ انرژی و ساخته شدن جهان ها نوعی عمل اجباری برای میدانها باشد. به هر حال مدل جدید کیهان شناسی دیدگاه جدیدی را پیش همگان قرار می دهد و این موضوع را در اذهان زنده میکند که آفرینش مقوله بسیار پیچیده از آن چیزی است که فرمولهای ساخته ذهن بشر بتواند تعریف جامعی از آن ارائه بدهد. ما مجبوریم تا همچنان در کوره راه های هستی پرسه بزنیم و هر از گاهی ایده ای نو و نزدیک به حقیقت را کشف کنیم. امیدوارم نظریات من در این کتاب کم حجم مقبول همگان واقع شود.بخش بعدی این کتاب به ناگفته های فیزیک کوانتوم

میپردازد و دلیل شگفت انگیز بودن ذرات و نحوه عملکرد آنها در فضا زمان برملا میشود.

پایان